WHO ARE YOU WORKING FOR

你在为谁工作

王牧◎编著

武汉出版社
WUHAN PUBLISHING HOUSE

（鄂）新登字 08 号

图书在版编目（CIP）数据

你在为谁工作 / 王牧编著. —武汉：武汉出版社，
2011.3（2019.6 重印）
ISBN 978-7-5430-5552-0
Ⅰ. ①你… Ⅱ. ①王… Ⅲ. ①工作－态度（心理学）
－通俗读物 Ⅳ. ① B822.9-49
中国版本图书馆 CIP 数据核字（2010）第 258187 号

书名：你在为谁工作

编　　著：王　牧
本书策划：李异鸣
责任编辑：方胜香
特约编辑：郭海东　周乔蒙
封面设计：莫　念
出　　版：武汉出版社
社　　址：武汉市江岸区兴业路 136 号　邮　编：430014
电　　话：(027)85606403　85600625
http://www.whcbs.com　E-mail：wuhanpress@126.com
印　　刷：北京京丰印刷厂　经　销：新华书店
开　　本：880mm × 1230mm　1/32
印　　张：6　字　数：149 千字
版　　次：2011 年 3 月第 1 版　2019 年 6 月第 2 次印刷
定　　价：39.80 元

前 言

在我们的工作生活中，我们每个人都应该认真地思考一下这个问题：我到底是在为谁工作？或许从表面上看，我们是在为公司工作，为老板工作。实际上，我们更是在为自己而工作，为我们自己的梦想工作，为我们自己的美好明天工作。

生活中，常常有许多人，特别是一些年轻人，他们本来有着丰富的知识及不错的能力，但却由于始终抱着“为别人打工”的工作观念，以致于使自己一次又一次地错失人生中宝贵的机遇。

其实，工作中我们不仅仅是在为别人“打工”，更是在替自己“打工”。工作是一个施展个人才能的舞台，我们所学的知识都将在这个舞台上得到充分的展示。在工作中，我们的应变能力、决策能力、组织能力、沟通能力以及协调能力等等都可以得到体现和提高，可以说，这是一个高度的自我实现与锻炼的平台。与此同时，公司也是我们成长中的另一所学校：新的工作能拓展我们的知识和眼界；在与同事的合作中能培养我们的协调能力；在与客户的交流中能锻炼我们的沟通能力等等。同时，工作也不单单是为了金钱，因为薪水只是生活的一种手段，是工作价值的一种置换和体现，但并不是工作的最终目的。

不管你干什么工作，哪怕是再平凡不过的岗位，你也要把工作当成一种使命。用自己全部的热情和爱去对待工作。不要去埋怨生活更不要去抱怨工作，你应该清楚你是为自己而工作的，薪水不是工作的全部，工作能培养我们的责任、能力、忠诚、敬业、创新、实干等等，这也是时代所需要的。

本书针对现在社会很多员工对工作认识的误区，通过很多现实中的事例，深刻地阐释“你在为你自己工作”的观点。

书中提出了员工在工作中常见的困惑，我们将这些问题通过通俗的语言或浅显的职场故事进行细致深刻的解答。让每个员工自己去深刻反思，它有助于员工解除工作中的困惑，调整心态，重燃工作的热情，使每个员工的人生从普通走向优秀，从优秀走向卓越。让你在平凡的岗位生活中创造出不平凡的业绩。

如果每一位员工都能坚信“我们在为他人打工的同时，也在为自己工作”这样一个朴素的理念，责任、忠诚、敬业将不再是空洞的口号。爱上你的工作，不管做任何事，最重要的是调适好自己的心态：将心态回归到零，把自己放空，抱着学习的态度，抱着负责任的态度，抱着成长的态度，珍惜自己所拥有的每一份工作，珍惜拥有工作的每一刻。将每一次任务都视为一个新的起点，一段新的体验，一扇通往成功的机会之门。

你在为谁工作

目 录

第一章

为谁工作：你在为自己工作，而不是别人

第二章

自我提升：不怕被利用，就怕你没用

第三章

认真负责：对工作负责就是对自己负责

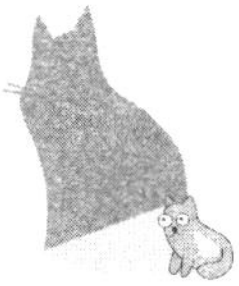

第四章

不找借口：不为失败找借口，只为成功找方法

第五章

忠诚敬业：让领导更放心，让自己更优秀

第六章

追求卓越：把追求卓越作为一种工作习惯

第一章　为谁工作：你在为自己工作，而不是别人

工作是实现自我价值的一种方式，公司只是为我们提供了一个可以展示和发展自己的平台。我们在为公司的事业大厦添砖加瓦的同时，也在建筑属于我们自己的“房子”——那就是我们的职业前途。你的价值只能在你工作的过程中得到体现，你的任何目标和理想都必须通过工作来实现。

我们都是在为自己工作

资深策划申振武曾说："如果你认为每天是在为老板打工，那么你大错而特错！抱着这种心态工作，你永远不会成长和发展，亦将永无'出头之日'，更谈不上干一番事业。"其实，我们每个人都是在为自己工作，每一份付出和努力，都将得到或必将得到超值的回报。这是不变的真理。

你在为谁工作呢？听到，这个问题后，相信大多数人会不假思索地说为工资而工作或者为公司而工作。那我们到底在为谁工作呢？在职场上，我们经常会听到很多人这么说："我只不过是在为老板打工！""一个月这么点儿钱，凭什么要我做这做那的！""差不多就行了，公司的事儿，又不是咱们自己的事儿。"

说这些话的，多半是年轻人，他们可能有着丰富的知识，也可能有着出色的能力，但却总生活在对工作的抱怨之中。在他们看来，工作就是在为老板干活，然后老板以工资回报，仅此而已。在他们眼里，工作只不过是一种简单的雇佣关系，做多做少，做好做坏，都和自己没多大关系。

这样的人可以说到处都有，他们始终抱着"我在为老板打工"的想法，对工作永远只是采取一种应付的态度，能少做一点，绝不多做，能提前一分钟下班，绝对不会在办公室里多待。他们从未想过自己的工作是否对得起自己目前的薪水，也不会想到自己这样的工作会不会有很好的前途。

那我们到底是在为谁工作呢？有一则寓言可以告诉你答案：

一天，主人在两辆马车上装满了货物，分别让两匹马各拉一辆车。在路上，一匹马总是落在后面，还磨磨蹭蹭地走走停停。主人便把所有的货物都搬到前面的马车上。这时，那匹原本磨磨蹭蹭的马一看自己车上的货物没有了，就步履轻快地向前跑起来，还对另一匹马说："你就傻乎乎地干吧，总有一天累死你！"

到达目的地以后，有人建议主人："既然你只用一匹马来拉车，那就没必要养两匹马，不如只喂养那匹拉车的马，把另一匹宰掉，起码还能得到一张皮呢！"主人听从了他的建议，真的就把那匹马杀掉了。

这匹不好好拉车的马的下场给了我们很好的答案。如果我们不好好工作，就会像这匹马一样失去价值，被职场淘汰，说到底我们是在为自己工作。

汉斯和诺恩同在一个车间里工作，每当下班的铃声响起，诺恩总是第一个换上衣服，冲出厂房，而汉斯则总是最后一个离开，他十分仔细地做完自己的工作，并且在车间里走了一圈，看到没有问题后才关上大门。

有一天，诺恩和汉斯在酒吧里喝酒，诺恩对汉斯说："你让我感到很难堪。"

"为什么？"汉斯有些疑惑不解。

"你让老板认为我不够努力。"诺恩停顿了一下又说，"要知道，我们不过是在为别人工作。"

"是的，我们是在为老板工作，但是，也是在为自己工作，"汉斯的回答十分肯定有力，"大多数人正像你一样，并没有意识到自己在为他人工作的同时，也是在为自己工作——你不仅为自己赚到养家糊口的薪水，还为自己积累了工作经验，工作带给你的远远超过薪水以外的东西。”

诺恩听罢，毫无表情，他很不愉快地走了。

此后诺恩依旧比较懒散。而汉斯则一如既往地继续努力着。

一年后，诺恩表现平平。而汉斯则因业绩非凡而多次受到上司的表扬。

又过了半年，诺恩被老板炒了鱿鱼，失业的诺恩流落街头，靠捡破烂为生。而汉斯则当上了分公司的老板。

看到与自己同步打工的汉斯与自己有着天壤之别后，诺恩才开始后悔当初没听汉斯的话。“我不过是在为老板打工”，这种想法具有很强的代表性，在许多人看来，工作只是一种简单的雇佣关系，做多做少、做好做坏对自己意义并不大。这种想法是错误的，它对公司和自己都有非常坏的影响。

既然是为自己工作，那我们就要投入百分之百的勤奋和激情来工作。拿多少钱，做多少事，钱越拿越少；做多少事，拿多少钱，钱越拿越多。此话的确为真理。但如果你选择前者，你的钱只会越拿越少。这就是不明白自己为谁工作的结果。你愿意工资越拿越少吗？如果一个人的工作目的仅是为了工资的话，那么他可能会无法走出平庸的生活模式。

某公司员工，在公司已经工作了10年，薪水却从不见长，职位也没有提升。他觉得自己为老板打工实在很不值得，有一天，他终于忍不住内心的郁闷，当面向老板诉苦。老板说：“你虽然在公司待了10年，但你的工作经验却不到1年，能力也只是新手的水平。”一种态度决定一种结果，10年的大好青春年华过后，这名可怜的职员得到的只是1年的工作经验。如果他能懂得工作是为了自己，相信他绝对不会在10年中只积攒下1年的工作经验。

作为一个职场中人，一定要明白一个道理：一个人工作的最大受益人绝对不是老板，而应该是自己。工作是实现自我价值的一种方式，老板只是为我们提供了一个可以展示和发展自己的平台。所以，我们是在为我们自己工作，这个信念必须注入到我们的思维深处。

在这个职业社会里，任何的目标和理想都必须通过工作来实现，你的价值只能在你工作的过程中得到体现，只有把工作当成自己的，你才会全身心地投入到你的工作之中，你才能获得精神和物质上的回报，拥有你理想的社会地位，并最终实现你的人生目标。

成功的人之所以能够成功，是因为懂得自己为什么工作，为谁在工作。工作是在为自己一点点地积累着财富。

20世纪50年代初，有一个叫柯林的年轻人，每天很早就到卡车司机联合会大楼找零工做。后来，一家百事可乐工厂需要人手去擦洗工厂车间的地板，没有一个人去应征，但柯林去了。有一次，有人打碎了一箱汽水，弄得满地都是泡沫。他虽然很生气，但却还是耐着性子把地板抹干净了，因为柯林明白：这是他的岗位职责。而他的这一举动恰好被公司领导看到了，第二年他便被调往装瓶部，他仍旧认真地完成自己的本职工作，第三年就被提升为副工长。

许多年后，全世界的目光都聚焦在他的身上——美国前国务卿柯林·卢瑟·鲍威尔。他在自己的回忆录中写道："工作是为了自己，只要你永远认真努力地去对待自己所从事的工作并把每一件事情做好，你一定会有所成就的。"

确实，我们工作的目的，不仅是为了满足生存需要，还有更高层次的追求，那就是自我价值的实现。

薪水并不是工作的全部

工作固然是为了生计，但是有许多东西是比生计要更加可贵的，千万不要对自己说，工作就是薪水，工作有着比薪水更为丰富的内涵。普通的职业人和最好的职业人的差别就在于：是为了大的人生目标而工作，还是为了眼下小小的利益而工作。

现在很多年轻人都非常现实。在他们眼中，工作就是一条简单的定义：我为公司工作，公司付给我报酬，等价交换。在他们眼中，薪水就是一切。他们以应付姿态工作，能偷懒就偷懒，能逃就逃，绝对是“到点才来，下班就走”的那种。他们工作只是为了拿到薪水，而从来没有想过目前的工作会直接影响到自己的未来发展。

其实，他们缺乏对工作的认识和理解，只看到眼前的薪水，却放弃了比薪水更重要的无形财富。薪水只是工作报酬的货币表现形式，而工作的意义却要远远超过薪水的价值。

炎炎烈日下，一群工人正在铁路的路基上工作，一辆豪华列车缓缓驶来，这群工人不得不暂时放下手头的工作。火车驶到他们面前时，突然停住，最后一节车厢的窗户打开，一个友善的声音从里面传出来：“戴卫，是你吗？”工人队长戴卫回答说：“是的，吉姆，能看到你真高兴。”寒暄几句后，戴卫就被喊他名字的人——铁路公司董事长吉姆邀请到火车上。两人谈了一个多小时后，才握手话别。

火车离开后，工人们立刻把戴卫围住，对他居然是公司董事长的朋友而感到吃惊。戴卫告诉工友："二十年前，我和吉姆同时开始为铁路公司工作，并且在一起工作很长时间。"有人因此半开玩笑地问戴卫："为什么吉姆已成为董事长，而你却还在太阳下工作呢？"戴卫意味深长地说："二十年前我为每小时1.75美元的工资工作，而吉姆却为铁路事业工作。"

戴卫的话形象地说出了造成两个人差别的深层原因：为薪水而工作与为事业而工作，其效果是截然不同的。

工作固然是为了生计，但是有许多东西是比生计要更加可贵的，千万不要对自己说，工作就是薪水，工作有着比薪水更为丰富的内涵。

工作是人生的一种需要，我们人生的价值就主要是在工作中实现的。只有积极地、创造性地进行工作，才会取得成就，进而体会到成就带给你的快乐。同时，人总要以一定的组织形式存在，要参与到各种各样的组织当中。当你处于一个组织当中的时候，你在自身生命之外，又被赋予了一种组织的生命，你就有了为所在组织工作的意义，并从赢得的荣誉中使生命获得升华，从为他人、为组织、为社会的奉献中找到生命的意义。所以，工作的内容远不只你所获得的薪水。

对于年轻人来说，他们刚开始工作的目标不应该是挣钱，而应该是挣未来。许多政界、商界的成功人士，开始工作时收入都不高，但是他们从来没有将目光局限在薪水上，而是始终不渝地努力工作着。在他们看来，他们缺少的不是金钱，而是经验、能力和机会。

铁血宰相俾斯麦在德国驻俄外交部工作时，薪水就比较低，但他却没有因为自己的工资低而放弃努力。在那里他学到了许多外交技巧，也锻炼了自己的决策能力，这些都对他以后的政治生涯产生了深远的影响。

只以薪水为目标的工作是平庸的，就像活着是为了吃饭一样，绝对体会不到成就感的美妙。

一位心理学家为了解人们对于同一工作在心理上的个体差异，来到一所正在建设中的大教堂，对现场忙碌的敲石工人进行访问。

心理学家问他遇到的第一位工人："请问您在做什么？"

工人没好气地回答："在做什么？你没看到吗？我正在用这个重得要命的铁锤，来敲碎这些该死的石头。而这些石头又特别的硬，害得我的手酸麻不已，这真不是人干的工作。"

心理学家又找到第二位工人："请问您在做什么？"

第二位工人无奈地答道："为了每天5美元的工资，我才会做这件工作，若不是为了一家人的温饱，谁愿意干这份敲石头的粗活？"

心理学家问第三位工人："请问您在做什么？"

第三位工人眼光中闪烁着喜悦的神采："我正参与兴建这座雄伟华美的大教堂。落成之后，这里可以容纳许多人来做礼拜。虽然敲石头的工作并不轻松，但当我想到，将来会有无数的人来到这儿，在这里接受上帝的爱，心中就会激动不已，也就不感到劳累了。"

同样的工作，同样的环境，却有如此截然不同的感受。三个受访者中，第三位无疑是最快乐的，因为他明白工作的真正意义。作为企业，他们也不希望自己的员工只是为获得工资而工作，他们需要能真正了解工作意义的员工。

许多管理学家都总结出这样的结论：普通的职业人和最好的职业人的差别就在于是为了大的人生目标而工作，还是为了眼下小小的利益而工作。士光敏夫在担任东芝株式会社社长时，就曾对员工提出了这样的要求："为了事业的人请来，为了工资的人请走。"

但令人遗憾的是，世界上的大多数人依然还在为薪水而工作。如果你能不为薪水而工作，那么你就超越了芸芸众生，同时也迈出了成功的第一步。

刚从大学毕业的约翰和皮特到同一家公司面试，最后两个人都被录用了。一开始由于每天都能接触很多新鲜的东西，他们的工作热情都很高，可是一个月过去了，情况开始变化了。

“辛辛苦苦一个月还不如我上学时兼职赚的多呢！”约翰说。

“薪水是低了点，但是以前兼职只能挣点钱，没有提高什么技能！”

“生活不就是要赚钱吗？”约翰撇嘴说，“我们得换工作！这样下去没活头！”

“刚开始没有经验都是这样吧。要走也得学点东西再走啊！”皮特说。

接下来的日子，约翰就抱着混的态度，倒也过得悠闲。

“给多少钱办多少事！他不善待我，也甭想我感激他！”

一个月过去了，约翰拿了一笔试用期的工资走了，他的同伴继续留在原来的地方。三年后，他们又相遇了。约翰依然和他当年说要走时一样，一脸愤世嫉俗的表情。

“你这是去哪里？”皮特问他。

“天下老板都像乌鸦一样黑！都要把员工往干处榨！我刚辞了工作，现在赶着去应聘新的工作！”约翰诉苦，然后问，“你去哪里呢？”

“我去看车展，想买辆车！”

“你要买车了？你发财了？”

“我还在原来的公司，现在是公司技术部的总监！”

约翰瞠目结舌。他以前的同伴接着说：“其实当时你再坚持一个月就好了，事实证明公司的待遇不是很差，前提是我们要有过硬的技术！”

有些薪水很微薄的人，忽然被提升到重要的职位上，这看来似乎很奇妙，实是因为在拿着微薄薪水的时候，他们就在工作中付出了切实的努力，有一种追求尽善尽美的态度，获得了充分的经验，这些便是他们忽然获得晋升的原因。在工作中努力尽职的人，总会有获得晋升的一天。

工作为了更好的生活

高尔基曾说：“工作快乐，人生便是天堂；工作痛苦，人生便是地狱。”罗斯·金说：“只有通过工作，才能保证精神的健康；在工作中进行思考，工作才是件快乐的事。两者密不可分。”工作不仅是为了满足生存的需要，也是实现个人人生价值的需要，只有工作才能让你更好地生活。

约翰·洛克勒所说：“工作是一个能施展自己才华的舞台。我们的知识，我们的应变能力，我们的决断能力，我们的适应能力以及我们的协调能力，都能在这个舞台上得到展示，除了工作，实在没有哪项活动能够提供这么好充实自我、表达自我的机会。”

工作占去了人生的大部分时间，我们只有享受到工作的快乐，才能更好地生活。工作正是人生最有意义的事，也是生活中最为精彩的一部分，在工作中和同事相处是一种缘分，与顾客、生意伙伴见面则会是一种乐趣。

试想：你每天工作八小时，就像是在游泳池里游泳，而你恰好又是一个游泳爱好者，那你的工作该是多么快乐，你的生活又是多么快乐。

高尔基曾说：“工作快乐，人生便是天堂；工作痛苦，人生便是地狱。”

在现实生活中，也许选择什么样的工作我们有时候会身不由己，但是我们却可以通过改变心态来面对挑战。世界上没有不好的工作，让我们对工作产生抱怨的是不平衡的心态。

我们工作是为了让自己更快乐，有更好的生活。如果环境迫使你不得不做一些令人乏味的工作，你应该想方设法让它充满乐趣。以积极的态度投入到工作之中，那么无论你做什么，都很容易取得良好的效果。

通过工作，我们可以获取经验、知识和信心。你对工作投入的热情越多，决心越大，工作效率就越高。这时，上班就不再是一件苦差事，工作也就变成了一种乐趣，你的生活也将会更好。

快乐工作的关键取决于心态。放弃抱怨，用乐观的心态去面对当前的工作，那么，我们就会从这种积极转变中找到快乐。从自己胜任工作后的那一刻起，我们会发现，原来快乐工作就在自己身边。

一个人工作时，如果能有精益求精的态度，火焰般的热忱，充分发挥自己的特长，那么不论做什么样的工作，都不会觉得辛劳。如果我们能以满腔的热忱去做最平凡的工作，也能成为最精巧的艺术家；如果以冷淡的态度去做最不平凡的工作，也决不可能成为艺术家。

不管你的工作是怎样的卑微，你都应该付出十二分的热情。这样，你就可以从平庸卑微的境况中解脱出来，不再有劳碌辛苦的感觉，厌恶的感觉也自然会烟消云散。

一家公司的两名员工在休息室聊天，其中一个说："整天忙来忙去的全是在为老板干活，可老板还经常说我办事没效率。拿那么一点工资都不够女朋友逛一次商场。每天下班以后浑身腰酸背痛，没精打采。第二天醒来的时候虽然是阳光灿烂，但是我的心里却是灰色的。一想到一辈子要过这样的生活，心里就不是个滋味。"

另一个人非常同情地看着他说："我很少有这样的感觉。我觉得我的工作很快乐。在工作的时候我身上就有一种激情在燃烧似的，让我精力充沛，效率不错也不觉得累。当然有时候我也会遇到一些不如意的事情，心里也会感到些许的不舒服。回去睡一觉，第二天太阳照样升起，又开始新的一天。”

这两个人不同的地方就在于对工作的态度。一个干活的时候充满着激情，工作轻松愉快，效率也高；一个只是敷衍了事，工作成了他生活中的煎熬，让他感到生不如死一样。

要知道一个人对工作的态度比工作本身更重要！很多人和你一样在工作的时候只是将工作当成自己生存的工具，通过工作来养家糊口。工作在你的眼中不再是锻炼能力和提高修养的方式，而是迫不得已的事。这样你的生活就不会有快乐的感觉，每个周一都会让你感到痛苦，加班更是会要了你的命。

如果你将个人兴趣和自己的工作结合在一起，那么，你的工作将不会显得辛苦和单调。兴趣会使你的整个身体充满活力，使你在睡眠时间不到平时的一半、工作量增加两三倍的情况下，也不会觉得疲劳。

罗斯·金说：“只有通过工作，才能保证精神的健康；在工作中进行思考，工作才是件快乐的事。两者密不可分。”

工作不仅是为了满足生存的需要，也是实现个人人生价值的需要，只有工作才能让你更好地生活。

工作带来自身能力的提升

所谓“人往高处走，水往低处流”。要想拥有一个成功的将来，首先要树立正确的观念。工作，是人生价值的体现，是人生的存在形式。不管你在哪里工作、为谁而工作，都应该把自己的工作做到最好，因为他们会提升你的自身能力，你在工作的同时也在不断积累着无形的财富，你的将来也在加码。

我们都会羡慕那些成功人士，他们所具有的创造能力、决策能力以及敏锐的洞察力，无一不在深深地吸引着我们。但是任何一个人都不会天生就拥有某种超强的能力，那些成功人士的所有能力和技能都是在长期工作中积累和学习到的。

他们最初的状况并不比我们好，甚至比我们还要差很多。但是他们成功了，相信我们也一定可以。关键在于我们以一颗什么样的心来工作，来做每一件事情。

牛根生：蒙牛集团掌门人，参加工作时只不过是伊利集团的一名洗瓶工。

杨绵绵：海尔集团总裁，参加工作时只是青岛劳动局的一名普通教员。

江佩珍：金嗓子制药厂掌门人，13岁时由于家庭环境而以学徒身份参加工作。

吴士宏：打工女皇，先后在IBM、微软、TCL任高职，最初只是一名护士。

他们往往更多的是看中从工作中得到的知识、经验以及能力，因为他们知道只有这些才是自己事业大厦最不可缺少的基石。他们在工作中学会了解自我，发现自我，使自己的潜力得到充分的挖掘和发挥，自身能力在工作中不断提升。

工作会为你将来的发展积累下很多的财富，它能使你的业务能力高度提升，人际交往更加良好，思想认识高度提高，这些都是巨大的财富。它们可能是无形的，但却是最有价值的。在你未来的人生中，它们才是能使你增加自身价值的宝贵财富。

小梅是学信息管理专业的一个女孩，经过多年的职场打拼。在27岁时终于进入了一家中型互联网公司做经理助理工作。小梅虽然想真正地履行一个经理助理的职责，帮助经理做些管理方面的工作，但由于目前公司的现实情况，经理并没有让她放手做这方面工作的想法，她只好做好本职工作。

她的工作非常琐碎，主要是整理下面部门经理和主管报上来的报表，处理经理交给她的临时性工作，此外还有办公室的一些日常杂务。即使这样琐碎的工作，她也一丝不苟地尽量做好。在工作之中，她积极地投身到了学习当中，并报名参加了人力资源初级课程的学习，准备考取证书，为自己今后在公司的发展做一些职场技能方面的准备。

后来，随着公司业务规模的扩大，公司要通过建立自己的网站来推广产品，并对渠道管理进行内部资源规划流程改造。小梅虽然不懂技术。但因为她以前学习过这方面的课程，熟悉整个流程，所以经理也让她参与了这个项目。

小梅凭借以前的学习基础，在实践中边学边练，协助工程师进行人员调动，进行小组管理等方面的工作。在经理的支持和大家的配合下，工作顺利地完成了。公司整个资源规划完成后，经理送给小梅一个丰厚的红包，而且薪水也上升了一大截，并负责新成立的信息部门一部分管理工作。

随着公司上层人事的变动，她因良好的人际关系被正式任命为信息部经理。走上管理层的她这时才发现自己的潜在能力。她对信息部的工作充满了热情，对于管理方面不懂的问题，她更是虚心请教。善于学习和借鉴别人的长处，为这个部门的成功运作投入巨大的心血。年终总结会上，老板特意提名表扬，并再次给她升职加薪。而曾经同一办公室的女孩，还是坐在原来的位置上。

所谓“人往高处走，水往低处流”。要想拥有一个成功的将来，首先要树立正确的观念——工作，是人生价值的体现，是人生的存在形式。不管你在哪里工作、为谁而工作，都应该把自己的工作做到最好，因为他们会提升你的自身能力，你在工作的同时也在不断积累着无形的财富，你的将来也在加码。

通过工作学习到的能力就像你的学识一样，将会永远为你服务，只要你需要随时都可以把它从大脑库存中提取出来。如果你有机会去研究那些成功人士，就会发现他们并非始终高居事业的顶峰，在他们的一生中，曾多次攀上顶峰又坠落谷底，虽然起伏跌宕，但是有一种东西却永远能让他们东山再起，那就是自身具备的工作能力，它能帮助他们东山再起，再次达到事业的顶峰。

工作为你积累丰富的职业经验

经验是工作报酬中的一种无形财富，这种财富别人抢不去，它的价值要远远超过你所得到的有形报酬。

在一个企业中，一个业务熟练的员工往往会受到青睐，因为这样的员工招来就可以用，并且很快会产生效益，而缺乏经验则往往会处在劣势，没有经验的员工会加大企业的风险。当然经验不是从天上掉下来的，它需要在工作中不断地去积累，所以我们更应该感谢自己的工作，感恩自己的老板，他们给了我们丰富职业经验的机会。

然而，当今社会略显浮躁，面对他人的事业成功、高薪诱惑，很多人从而失去对自己的准确定位，急于求成。作为一名普通员工，首要是做好管理自己，认真做好自己的本职工作，并在工作中不断积累自己的经验财富。

李小姐目前就职于一家装饰公司，两年内已经有过三次工作变动，且从行业、职位上看都无关联。每次工作的时间都不长，因此工作经验的积累很有限。尽管有过多次尝试，张小姐还是觉得自己没有遇到适合自己的工作。两年的工作经历并没有让她得到提升，过于频繁地更换工作使她没有得到相关的能力提升，职业经验更是有些浅薄。

人才作为一种资源，其本身的价值是由其所具有的能力和所能创造的附加价值来衡量的，因此如果你希望能够更好地体现自己的价值，就需要珍惜自己目前的工作，不断积累自己的职业经验，你的价值也终究会得到提升。

小周只是一个导购，刚刚进入商场的时候什么都不懂。正式上岗之前有一个实习期，在实习当中他不仅仅学会了电脑硬件的具体知识，还从自身素质上来提高自己，充实自己，使自己从中逐渐升华。他学会了怎样和顾客接触，怎样和陌生人交往；怎么能从顾客的一言一行当中，获取自己所需要的最大化信息等等，这些都是他应该去考虑，去深思的问题。在学校里小周接触的都是同学，都是熟悉的面孔，因此在做导购时，要学会怎样去接触别人，和别人交谈，去掌握策略、方法等等。在整个的实习期结束之后，他正式上岗了。接下来的销售和售后环节中，随着问题的不断出现和解决，小周在一天天的阅历中充实成熟起来，如今他已经坐到了主管的位置。

对于一个刚刚进入企业工作的员工来说，工作经验的积累显得尤为重要，这些经验才是你职业人生的开始。你若想要有将来的成功就必须珍惜自己的工作，努力积攒下那无形的财富。如果小周没有这些经验的积累，相信他还是那个初入社会的青涩少年。

其实，薪水只是工作的一种物质回报方式，而精神的回报却被人忽视了。工作能够使我们的经验更丰富，增长我们的智慧，激发我们的潜能，这些都是让我们终生受益的财富，它比金钱重要万倍，既不会遗失也不会被花光。

所以，认真工作才是提高自己能力的最佳方法，认真工作才是在为自己积累资本。只要你把工作当做难得的学习机会，不断地从中学习处理业务和人际交往的经验，就可以获得很多知识，还能为以后的工作打下坚实的基础。

双赢，为老板更为自己

社会学家戴维斯说："自己放弃了对社会的责任，就意味着放弃了自身在这个社会中更好的生存机会。"同样，如果一个员工放弃了对工作的责任，也就放弃了在工作中获得更好的发展机会。因此，在工作忙碌、疲累、困顿之余，不妨问问自己，我在为谁工作？

在一个公司工作，不可否认，你是在为老板工作，你要为老板创造价值，尔后实现自己的价值。但同时也是在为自己工作——培养自己的能力、经验，在工作中寻找快乐，通过为老板工作实现自我价值等等。这些在前面已经讲得很多了，从某种意义上讲，工作是为老板，更重要的是为了自己。

普遍的观念中，工作只是养家糊口的一种手段，是在为老板服务，是一种简单的雇佣关系，因此，在工作中多有抱怨，多有推诿，对待工作缺少热情和责任。社会学家戴维斯说："自己放弃了对社会的责任，就意味着放弃了自身在这个社会中更好的生存机会。"同样，如果一个员工放弃了对工作的责任。也就放弃了在工作中获得更好的发展机会。因此，在工作忙碌、疲累、困顿之余，不妨问问自己，我在为谁工作？

小张在一个文化公司上班，他只是一个普通的策划编辑，每个月拿固定的工资，每个月策划几个选题，如果不出大的问题，他完全可以安逸地过下去。大多数员工的工作也只是完成老板的任务，他们想，即使书畅销了自己也捞不到什么好处，何必那么费劲呢？而小张却不这么认为，虽然捞不到物质上的好处，但能够得到业界的认可，得到读者的认可，这才是最重要的。如果你能够策划好一本书，以后无论你走到哪儿都会得到别人的尊重。策划一本好书会给自己带来很多宝贵的经验，这些经验会直接影响着你的下一本书。

当别的员工消极怠工的时候，他总是在一丝不苟地做着自己的事情，尽管这些事情未必能够为自己带来更多的薪水，但他懂得为自己工作的道理。与其上网、聊天、玩游戏如此这般的浪费时间，为什么不多思考一些问题，多学一些业务知识，多策划几个选题呢？

在这种的观念影响下，小张为公司做了很多好书、畅销书，为公司带来了很大的经济效益和社会效益，但小张的工资并没有涨，同事都认为小张这样做太不值得了。

突然有一天，公司的经理上调，由于时间紧张，不可能向社会公开招聘本公司的总经理，他前思后想，最终把总经理的位置给了小张。这时候，同事都说小张值了，因为他以前为公司赚的钱现在都成为自己赚的了！试想一下，如果小张和其他员工一样也抱着为老板工作的态度，那么他现在的结果会有这么好吗？

我们的工作是为老板创造了价值，也就是所谓的为老板赚钱，同时工作也在为我们自己创造着价值，我们出色的工作会得到老板的赏识，会得到加薪，更重要的是为我们自己的未来发展积累了大量的经验、能力。

不要总是抱怨你的公司，抱怨它给你的待遇太差，然后就不认真工作，或者认为是在给老板工作，因而敷衍了事。实质上我们是在为自己工作，为我们以后的道路铺垫。为自己工作，实质上是对自己负责。如果一个员工放弃了对公司的责任，也就放弃了在公司中获得更好发展的机会。这样的员工，老板当然不会看重。

1901年，美国历史上出现了第一个年薪百万美元的高级打工仔——施瓦伯。施瓦伯出生在美国乡村，只受过短期的学校教育。15岁那年，他就到一个山村做了马夫。3年后，他来到钢铁大王卡内基所属的一个建筑工地打工。一踏进建筑工地，施瓦伯就抱定了要做老板眼中最优秀员工的决心。当其他人在抱怨工作辛苦，因薪水低而怠工的时候，施瓦伯却默默地积累着工作经验，并自学建筑知识。

在那些打工者中，一些人还不时地讽刺挖苦施瓦伯。对此，施瓦伯回答说："我不光是在为老板打工，更不是单纯为了赚钱，我是在为自己的梦想打工，为自己的远大前途打工。我们只能在业绩中提升自己。我要使自己工作所产生的价值，远远超过所得的薪水，只有这样我才能得到重用，才能获得机遇！"

夏天的一个晚上。施瓦伯又像往常一样躲在角落里看书，正好被到工地检查工作的公司经理发现。经理看了看施瓦伯手中的书，又翻开了他的笔记本，什么也没说就走了。第二天，公司经理把施瓦伯叫到办公室，问："你学那些东西干什么？"施瓦伯说："我想我们公司并不缺少普通员工，缺少的是既有工作经验又有专业知识的技术人员或管理者，对吗？"经理点了点头。

不久，施瓦伯就被升任为技师。后来，施瓦伯一步步升到了总工程师的职位。25岁时，施瓦伯成为了这家建筑公司的总经理。39岁时，施瓦伯成为了美国钢铁公司的总经理，年薪100万美元。

就像施瓦伯一样，我们在为公司的事业大厦添砖加瓦的同时，也在建筑属于我们自己的"房子"——那就是我们的职业前途。你的老板也是很有眼光的，他在赚钱的时候绝对不会忘记他那些出色的员工。

尊重自己的工作等于尊重自己

我们想要在工作中取得成就，首先就要从尊重自己的工作开始，只有尊重自己的工作，我们才会用心地去做工作中的每一件事情，工作也才会更有意义，成功也将和我们越来越近。

工作本身并没有贵贱之分，无论是高管人员还是普通职工，我们都应该尊重自己的工作，绝对不可以轻视自己的工作，因为你的工作是演绎你精彩人生的最大舞台。哪怕你的工作再简单，再平凡，你都应该努力把它做到最好，正如海尔集团总裁张瑞敏所说："把每一件简单的事做好就是不简单，把每一件平凡的事做好就是不平凡。"

亨利和尔特是同班同学，两个人大学毕业后，恰逢英国经济动荡，都找不到适合自己的工作，便降低了要求，到同一家工厂应聘。恰好，这家工厂缺少两个打杂的职员，问他们愿不愿意干。亨利思索了一会儿，便下定决心干这份工作，因为他不愿意依靠领取救济金生活。尽管尔特根本看不起这份工作，但他迫于生计愿意留下来陪亨利一块儿干一阵子。因此，尔特上班时懒懒散散，每天打扫卫生敷衍了事。

一次，两次，三次，老板认为他刚从学校毕业，缺乏锻炼，再加上恰逢经济动荡，也同情这个大学生的境遇，便原谅了他。然而，尔特内心深处对这份工作抱着很强的抵触情绪，每天都在应付自己的工作。

结果，刚干满3个月，便被老板辞退了，又回到社会上，重新开始找工作。当时，社会上到处都在裁员，哪儿又有适合他的工作呢？他不得不依靠社会救济金生活。

相反，亨利在工作中，抛弃了自己作为大学生高等学历拥有者的身份，完全把自己当作一名打扫卫生的清洁工，每天把办公室走廊、车间、场地都打扫得干干净净。半年后，老板便安排他给一些高级技工当学徒。

因为工作积极，认真勤快，一年后，他便成为老板的助理。而尔特此时才刚刚找到一份工作，是一家工厂的学徒。但是，他认为自己是高等学历拥有者，应该属于白领阶层。结果，在自己的工作岗位上，仍然把活干得一塌糊涂，终于在某一天又回到街头去寻找工作。

工作就像一面镜子一样，你怎样对待它，它就怎样对待你。不管什么工作，即使再卑微的工作也能让你得到锻炼的机会，使你在职场的生活中成长得更快。聪明的员工总是会把每一份工作当成人生的大事来做。

早晨的大马路上，一位清洁工正在打扫卫生，边打扫边唱起了小歌，看着他满脸的幸福，一位过路者忍不住道：“你每天都这么快乐吗？从你的脸上，我看到了你生活中的幸福。可让我不解的是，在众多职业中你做的工作是处于最低层的，如果我是你，肯定会先找一个地方躲起来，等到晚上再出来打扫。”清洁工脸上的笑容更加灿烂了，他对过路者说：“这份工作虽然是众多职业中最低层的，可是它给我带来了一日三餐，让我有了一个温暖的家。所以我对这份工作充满了感激之情，不管这份工作是不是众多职业中最低层的，我依然尊重它。”

工作是每个人生活中不可缺失的一部分，因为工作，我们得到了幸福；因为工作，我们得到了快乐；因为工作，我们得到了生活中物质的享受；因为工作我们得到了所有的一切。所以，用好的心态去对待工作中的每一件事，并且快乐地完成它，让你在生活中享受工作所带来的乐趣，享受自己成长的喜悦。

在国际企业战略网组织召开的企业论坛会上，张其金先生在演讲中说："在我所领导的组织里，我的团队成员决不会牢骚满腹，无论做任何事情，即使受到批评、指责和误解，他们也会用一种积极乐观的态度来对待。在他们的心里，始终把领导的批评当做对他们人格的一种考验，是对他们工作态度的一种提升。因为他们全部都尊重自己的工作。"

人生的重要意义主要体现在一个人的工作过程之中，不管每个人一生中的工作时间长短，也不管一个人从事怎样的工作和职业、工作的内容对人类社会进步的作用微小或者巨大，我们都应该尊重自己的工作，为所处时代的发展和进步起到一些应有的贡献，没有这些贡献，社会就不会进步，你的人生当然也不会实现。

1997年，张建洲从厦门商校商品检验专业毕业，应聘到麦当劳做起了见习经理，而"见习经理"并不是什么真的经理，而是麦当劳里最基层的职位。那时候好工作的定义就是"吃皇粮"，当时父母挺想不通的，因为在他们看来这个"经理"实在不应该是首选的工作。可张建洲却是意气风发，第一天打着领带就去上班了。

张建洲笑言，没想到一进麦当劳就开始了漫长的餐厅工作，做汉堡、搬东西、清理大堂，打扫洗手间都做过。张建洲说："印象最深的是有一天下班后，一群朋友来看我，发现我居然在刷地，他们很奇怪我好歹也是个见习经理，怎么会刷地呢？他们更奇怪的是我刷地也刷得这么开心！"

"我当时真的是刷地也刷得很开心！"张建洲说，"麦当劳给我们做很多培训，看很多录像，录像里麦当劳的创始人雷·克罗克经常现身说法。我记得当时有人问了雷·克罗克一个问题："如果现在让你去打扫卫生间，你还会做吗？"雷·克罗克回答："如果有需要，我还是会去做的，当然得是麦当劳的卫生间！"2009年的8月，张建洲升任麦当劳大福建市场营运副总监，正式进入麦当劳的高管体系。从入职麦当劳到进入麦当劳高管行列，张建洲用了12年，如果他从一开始就看不起那所谓的"实习经理"工作，不尊重自己的工作，相信他不会有这样的成就。

不要轻视自己所做的每一项工作，即使是最普通的工作，每一件事都值得你去做，值得你全力以赴，尽职尽责，认真地完成。工作本身没有贵贱之分，但对于工作的态度却有高低之别，尊重你的工作也是对你自己最大的尊重。

糊弄工作就是糊弄自己

一个优秀的员工和一名普通的员工的最大区别在于：优秀的员工总得把职场上的工作当成自己的事情来办，而普通的员工则是把工作当成老板的事业。在工作中，没有可以随意打发的事情，你种下什么种子，将来必定收获什么样的果子。

作为一名员工，不管你在什么样的岗位，你应该清楚地认识到，工作是你的使命，你必须把工作扎扎实实地做好，付出你所有的热情去做好工作中的一切。

聪明的员工总是把工作当成自己的一种使命，而愚蠢的员工却把工作当成了老板的事业，与自己没有太大的关系，只要能应付过关就好了。其实，你在漫不经心地工作的时候，可曾想过糊弄工作就是糊弄自己。从长远来看，更是这样，因为工作不仅仅是薪水的问题。工作可以给你带来很多的东西，这些包括提高你的专业技能，扩展你的视野，还有提升你个人的综合能力等等。

在现实工作中，我经常听到这样的抱怨声："工资那么低，活却那么多，真的没法干下去了。""老板像看小孩似的，每天就那样盯着你。"员工抱怨老板太苛刻，整天像监工一样监督自己。而很多的老板则抱怨自己的员工不能尽职尽责，自己一转身的工夫员工就糊弄工作。

确实，有些老板过于苛刻，他们时刻盯着员工的一举一动。但是，作为员工，我们是否也应该自我检讨一番呢？自己是否让老板放心呢？你是在用心工作吗？任何人都知道糊弄工作给公司带来的危害，但是糊弄工作是如此普遍地存在于各个组织之中，已经成为当今社会的痼疾。糊弄工作的人就是糊弄自己的时间，糊弄自己的生命，到最后让自己落了个碌碌无为的下场。

我们不管在哪个岗位，都应该明确自己的岗位责任，更要明白自己是为自己工作的，而不仅仅只在为老板工作。

世界上绝顶聪明的人很少，绝对愚笨的人也不多，一般人都具有正常的能力与智慧。但是，为什么许多人却无法取得成功呢？

一个最重要的原因在于他们糊弄工作，不愿意付出与成功相应的努力。他们希望到达辉煌的顶峰，却不愿意经历艰难的道路；他们渴望取得胜利，却不愿意作出牺牲。糊弄工作、投机取巧成了一种普遍的社会心态，而成功者与失败者的差别就在于成功者能够摒弃这种心态，而失败者也清楚地明白自己的弱点在哪里，但就是不加以重视。或许大家都听过这个故事：

有一段时间，老农夫一直用牛和骡子一起耕地，耕作工作相当辛苦。

年轻的小牛对老骡子说：“今天我们装病吧，休息休息。”

老骡子却答道：“不行呀，我们还是努力把工作做好吧！因为耕种的季节很短呀，做完了就可以好好休息了。”

但小牛不听，最后还是装病休息。为此，农夫给它弄来新鲜的干草和谷物，尽量让它舒服些。

等老骡子耕种回来，小牛便向老骡子询问地里的情况。

老骡子回答道：“没有我们俩在一起时耕种得多，但也耕种了不少。”

小牛又问老骡子：“主人说我什么没有？”

“没有。”老骡子回答。

第二天，小牛还想偷懒，就再次装病。当老骡子从田间回来时，小牛又问老骡子：“今天怎么样？”

“还不错，我认为。”老骡子答道，“但耕种得还不是太多。”小牛又问道：“主人说我什么了？”

“啥也没有对我说，”老骡子说，“但是，他却停下来和屠夫说了好长时间的话。”

或许，糊弄工作、投机取巧也许能让你获得一时的好处，但是从长远来看，对你则是有百害无一利，因为你在这个过程中会逐渐地被懒惰和借口所腐化，最后为你的职场生活画上了句号。

无论是在什么样的企业，那些糊弄工作的人往往会成为裁员的“热门人选”。对于一个企业来说，拥有优秀的员工，企业的发展才能蒸蒸日上。如果公司内有太多的“糊弄员工”而不及时剔除的话，那么就会像一个烂苹果迅速使箱子里的其他苹果也腐烂掉一样，他们也会使企业慢慢腐蚀掉。

一位著名的企业家曾经这样说过：“工作就像一面镜子，你在工作面前摆什么姿态，它就映射出什么样的你。”

小李和马兰两个大学刚毕业的学生，恰好两个人到同一个铁器厂工作。刚开始的时候，老板给他们安排了清理车间油漆的工作。工作每天都得跟很多机器打交道，既脏又累。很快小李就干不下去了，觉得大学毕业干这种活，不值得。

于是小李以后每天就偷懒，看到老板来了就装出拼命干活，老板走了就偷偷歇着。其实这一切都被老板看在眼中，在一次突击检查中小李因为偷懒被公司开除了。

而马兰对待工作却是一如既往，任劳任怨，什么都想学，什么都想干。后来逐渐成长为公司可靠的员工，并被老板提升为经理。

一个优秀的员工和一名普通的员工的最大区别在于：优秀的员工总是把职场上的工作当成自己的事情来办，而普通的员工则是把工作当成老板的事业。

在职场中，提升最快的往往是那些工作认真、踏实肯干的人。而那些表现欠佳，应付公司、糊弄工作的员工，也往往是公司最先考虑的辞退对象。因为今天你糊弄工作，明天工作就会“糊弄”你，你就有可能成为公司裁员的对象。所以我们不能做糊弄工作的员工。应该用自己的辛勤劳动，换来自己职场上的成功。

企业发展是个人发展的基础

曾经有一位著名的企业管理人士说过：“企业就像一艘船，而每个员工就是船上的乘客，大船的沉浮与每个人的命运息息相关。”无论哪个公司，与员工之间都有着共同的利益、共同的目标，他们之间共谋发展，同时也共享利益。

作为一名优秀的员工，你应该清楚地认识到，企业发展是个人发展的基础，企业的命运就是你的命运。然而，现实生活中，总是有些人认为自己只是在为企业打工。至于企业如何发展，与自己没有任何关系，心里想着如果哪一天企业走向衰落，自己无非换个企业而已。持这种观念的人是很可悲的，他们从来没有认识到企业与自己的命运有着千丝万缕的联系，他们不知道企业的发展不仅有利于老板，也有利于自己。

曾经有一位著名的企业管理人士说过：“企业就像一艘船，而每个员工就是船上的乘客，大船的沉浮与每个人的命运息息相关。”

既然企业的命运联系着企业员工的命运，那么，对企业员工来说，只有企业发展了，你个人才能有更大的发展空间。只有企业盈利了，你的工资和奖金才能得到相应的提高。如果没有企业的快速发展和利润的增加，员工的丰厚薪酬又将在哪里？

有一个叫杰克的小伙子，他最初选择到一家只有二三十个人的小计算机配件制造公司工作，他的老板只是一个比他大三岁的年轻人。就在杰克到公司的第三个月，公司接到了一个大的订单——为某计算机公司加工50万张硬盘。这对当时的公司来说，已经是超级订单了，这笔订单能否顺利按时完成，对公司今后的发展关系重大。公司上下马上就忙碌了起来，将全部的资金都投入到这个项目中去了。然而，商场风云变幻莫测，一方面由于技术不过关，另一方面由于管理上的疏忽，该公司所生产的硬盘出现了严重的质量缺陷，被全部退货。对于杰克所在的小公司来说，这无疑是一个极其沉重的打击，不但没有赚到钱，反而欠了银行的债。银行知道消息后，不断上门来逼债。后来，连支付水电费都成了问题。老板四方筹借，才给员工发了工资。

发工资时，老板召开了会议，向员工阐明了公司面临的窘境，并提出希望员工能够和他共同来应对这场困难，在了解公司的境况后，许多员工都选择马上辞职。还有一部分员工认为公司走到这一步，责任完全应该由老板来承担，所以他们向老板索要失业赔偿金。这其中就有平时对老板表示过忠心的人，这使得老板感到非常寒心，于是他毫不犹豫地在他们的赔偿协议书上签了字。那些原本没打算索要赔偿金的员工见此情景也纷纷要求赔偿，老板都一一满足了他们。

当看着平日里那些口口声声说要和自己共同打拼的员工离自己而去，老板感到了孤单，他以为公司就剩下他一个人了。但当他走出自己的办公室时，却惊讶地发现还有一个人安静地在工作，这个人就是杰克。他是一个平日里并不怎么接近老板，也很少和老板交谈的员工。老板这时非常地感动，就走到杰克面前对他说："你为什么没有向我索要赔偿金呢？如果你现在要，我会给你双倍的。我现在虽然已经身无分文了，但我相信我的朋友会借给我的。"

"赔偿金吗？"杰克笑了笑，"我根本就没打算离开，为什么要赔偿金呢？”“你不打算离开？”老板显得非常惊讶，因为公司的员工都离他而去了，他奇怪地问：“难道你认为公司还有希望吗？说实话，我自己都失去信心了。”

“不，我认为公司还大有希望，你是公司的老板，你在公司就在；我是公司的员工，公司在我就该留下来。”杰克说。老板被深深地感动了：“有你这样的员工，我当然应该振作起来！但是，我不忍心你和我一起吃苦，我事实上已经破产了，你还是去找新的工作吧。”

“老板，我愿意留下来和你一起吃苦。公司发展好的时候，我来到了公司，如今公司有了困难，我就离开，这太不道德了。只要你没有宣布公司关门，我就有义务留下来。你刚才不是说你的朋友愿意帮助你吗？如果你愿意接受我这个朋友，那么就让我来帮助你吧，我可以不要一分钱。”

杰克坚定地留了下来，并把自己的积蓄全部借给了老板。他的老板为了偿还银行和员工的赔偿金，卖掉了仅有的一个加工车间和所有的设备，也卖掉了汽车。接下来的日子里，他们转变了经营的重心，开始给一些软件公司寄销软件。这种方式的投入很小，公司很快就有了转机，两个人度过了半年的艰苦日子后，公司终于开始盈利了。此后，公司进入了快速的发展期。一年多后，公司就由负债转为盈利上百万美元。

一天，难得有时间，杰克和老板在一家咖啡馆喝咖啡，老板说：“在公司最困难的时候，是你给了我最大的帮助。在当时我就想把公司的一半股权交给你，但当时公司还没有脱离困境，我怕拖累你，现在公司终于起死回生了，我觉得是时候把它交给你了。同时，我真诚地邀请你出任公司的总裁。”老板说着，拿出聘书和股权证明书一起交给了杰克。

每个员工都应该明白这样的道理：只有企业发展壮大了，员工才能够有更大的发展。企业和你的关系就是“一荣俱荣，一损俱损”。只有认识到这一点，公司才能够兴旺发达，员工的利益也才能够得到保障，员工和公司之间才能做到“双爱、双赢”。公司不断成长，员工的薪水自然会水涨船高。

布鲁斯是美国得州仪器公司的明星员工，在他眼里，得州仪器公司就好像是自己开办的一样，而不仅仅是一个完成工作的地方。

每天早上，布鲁斯吃过早餐，和妻子道别之后，就会精神十足地开着车去公司上班。公司里的同事都会看到布鲁斯神采奕奕地展开各项工作，无论多艰巨的任务他都不退缩，无论做多少事情他都不喊累，而且他做任何一项工作都精益求精。同事们都由衷地佩服布鲁斯充沛的精力，同时也为此感到不可思议：因为工作一天下来大家都觉得累极了，布鲁斯不仅不感到累，似乎还工作得意犹未尽。

更令同事们感到不可思议的是，布鲁斯还常常很积极地加班，而且主动申请干那些没有人愿意干的棘手工作。当公司出现危机时，他不像其他同事那样急着另谋生路，而是像公司总裁一样主动寻找克服困难的方法……

“布鲁斯好像把公司当成了自己的财产，或者他是一个天生的工作狂，否则的话，他怎么会如此热爱工作，如此为公司的事情大伤脑筋？”同事们都这样评论布鲁斯。

布鲁斯现在已是公司的执行副总裁之一，而且是公司最信任的副总裁之一，而他刚进入公司的时候只不过是一个最普通的销售助理。

有人问布鲁斯为什么工作起来不知疲倦，布鲁斯回答道：“这很简单，因为我的事业和公司的事业是绑在一起的，因此我认为从某种程度上说公司就是我的合伙人，我们必须朝着同一个方向共同努力。如果我努力了、进步了，那么公司的事业就会得到发展；同样，公司的持续发展又为我个人的进步创造了最优越的条件。所以我认为，我为公司付出多少精力都是值得的，也都是应该的。”

确实，公司发展壮大了，员工的发展空间自然会跟着变大，公司的利润增长了，员工的利益自然也会随着增长。相反，如果公司的规模越来越小，利润越来越少，那么公司内部员工的发展空间就会越来越小，员工自身的利益也会越来越少。

无论哪个公司，与员工之间都有着共同的利益、共同的目标，他们之间共谋发展，同时也利益共享。因此，员工必须了解公司的发展目标，并且能够为公司实现这个宏伟的目标而努力。

企业的兴衰跟每一个职场员工的利益是密不可分的，企业兴衰员工有责。身在职场中，我们应该明白，企业才是员工生存的基础。不管你是在什么样的岗位，你都应该珍惜你自己的工作，把公司的职业当成自己的事业，贡献你每一天的责任。同时，公司也应该把员工的各种权益和他们应该得到的各种利益维护好。很多员工不但在企业的发展中贡献了自己的力量，更是在自己的平凡的岗位上实现了自己的人生目标。

第二章　自我提升：不怕被利用，就怕你没用

自古云：逆水行舟不进则退。在我们的现实生活也是如此，特别是职场上，自我提升已经成为了职场成功的必然要求。不管你是在公司的哪个阶层，你只有提升了自己的工作能力，才能引起更高层的注意，才有可能被重用。受到公司的重视是我们每个员工的希望。从某个层面上说，我们被利用正说明我们有价值，我们完全可以合理利用这种价值，在工作中成就自己。

坚持比别人多做一点点

在商界，在艺术界，在体育界，在所有的领域，那些最知名的、最出类拔萃者与其他人的区别在哪里呢？答案就是他们比别人多勤奋、多努力那么一点点，坚持比别人多做了一点点。谁能使勤奋多加一盎司，谁就能取得最终的胜利。

一个成功的推销员曾用一句话总结他的经验："你要想比别人优秀，就必须坚持每天比别人多访问5个客户。"

"坚持比别人多做一点点"——这是无数成功者的秘诀。对一名普通员工来说，"每天多做一点点"就能使你从竞争中脱颖而出。你的老板、委托人和顾客会关注你、信赖你，从而给你更多的机会。

卡洛·道尼斯是一家美国公司的职员，刚开始时他在总裁杜兰特身边工作，职务很低，后来成为其下属一家公司的总裁。

有人曾经请教道尼斯先生成功的诀窍。他是这么说的："在为杜兰特先生工作之初，我注意到，每天下班后，所有的人都回家了，杜兰特先生仍然会留在办公室里继续工作到很晚。因此，我决定下班后也留在办公室里。是的，没有人要求我这样做，但我认为自己应该留下来，在需要时为杜兰特先生提供一些帮助。我每天都坚持比别人在公司多待一段时间，比别人多做一点事情，并把它养成了一种习惯。""工作时杜兰特先生经常找文件、打印材料，最初这些工作都是他自己亲自来做。很快，他就发现我随时在等待他的召唤，并且逐渐养成招呼我的习惯……”

因为工作的勤恳，再加上平时的不断积累，很快道尼斯的才华就显现出来，并得到了总裁的认可。

对于分外的工作，本不该我们做，而我们做了，这就是机会。学会坚持比别人多做一点点并把它养成一种习惯，当这种习惯充分地贯彻在我们的工作中时，那么成功也就距离我们不远了。

在职场生活中我们获得成功的机会很多，但比别人多做一点点或许是一条使我们获得成功的最佳途径。有时，你不需要比别人多做许多，只需一点点，就可以从众人中脱颖而出。

吉尼斯世界纪录里最顶尖的业务人员，连续11年在吉尼斯世界纪录里被称为世界上最伟大的推销员，他叫乔·吉拉德。

当记者访问乔·吉拉德为什么能连续11年获得世界上最伟大推销员的头衔时，乔·吉拉德笑着说，其实业务工作非常简单，只要每天坚持比别人多努力一点点就可以了。记者追问，那怎样才能比别人多努力一点点呢？乔·吉拉德说，方法很简单，就是每天比别人早一个小时出来做事情，每天比同事多打一个电话，每天比同事多拜访一位顾客。

的确，成功非常简单，没有窍门，每天早一个钟头出门，每天多打一个电话，每天多拜访一位顾客，这就是布鲁斯·吉拉德获得成功的秘诀。

著名投资专家约翰·坦普尔顿通过大量的观察研究，得出的一条很重要的真理：“多一盎司定律。”他指出，取得突出成就的人与取得中等成就的人几乎做了同样多的工作，他们所付出的努力差别很小——只是“多一盎司”。一盎司只相当于1/16磅。但是，就是这微不足道的一点点区别，却会让你的工作大不一样。

在商业界，在艺术界，在体育界，在所有的领域，那些最知名的、最出类拔萃者与其他人的区别在哪里呢？答案就是他们比别人多勤奋、多努力那么一点点，坚持比别人多做了一点点。谁能使勤奋多加一盎司，谁就能取得最终的胜利。

多加一盎司，工作可能就大不一样。保质保量完成自己工作的人，是好的员工。但如果在自己的工作中再“多加一盎司”，你就可能成为优秀的员工。主动在工作中“多加一盎司”的人，每天都在向人们证明自己更值得信赖，而且自己还具有更大的价值。

在工作中，获得成功的秘密就在于坚持比别人多做一点点，不遗余力地加上那一盎司。从而让自己在职场上不断升值。

余彭年先生出生在湖南，26岁时来到香港打工，在一家公司做了一名勤杂工。一到星期六和星期天，别的勤杂工都跑出去逛街、游玩，而余彭年考虑到周六、周日也时常没人加班，于是照常坚持打扫卫生，给加班的工作人员一个干净、舒适的环境。半年后，他的这一举动被公司老板了解到，立即把他调至公司办公室工作，后来又不断提升，做了公司的总经理。几年后，余彭年向公司老板提出要自己开公司做生意，老板不仅答应了他，而且还参股了他的公司。

机会是什么？余彭年先生的人生故事已经给我们找到了答案：机会就是比别人多出一份力，比别人做得更勤，比别人做得更好。做一个简单的人，坦诚地展现自己的能力与才华，保持“每天多做一点”的工作态度，也是走向成功的一条至理名言。

有多少付出，就有多少收获

一切事业的成功总是掌握在那些勤勤恳恳，勇于付出的人的手上，即使你是一个再平凡不过的员工，只要你在你的工作岗位上兢兢业业，不怕付出，那么职场上的“好运”也会在你付出的路上等待着你的到来。

有一句中国古代名言这样说：“种瓜得瓜，种豆得豆，有付出才有回报。”这句话在现实的职场工作生活中更是被当做至理名言。成功的员工懂得付出，愚蠢的员工害怕付出。

在职场上，大多数老板都是十分精明的，他们都希望拥有更多优秀的员工，期望优秀员工给企业带来更多的价值。如果你能够努力付出，尽力完成自己所能完成的工作，那么总有一天，你能够在众多员工中脱颖而出，赢得自己想要的职位。

在现实的工作中，有很多员工只知道抱怨公司，却不反省自己的问题，他们整天应付工作，并发出这样的言论：“何必那么认真呢？”“现在的工作只是个跳板，那么认真干什么？”结果，他们失去了工作的动力，不能全身心地投入工作，更不能在工作中取得斐然的成绩。最终，聪明反被聪明误，失去了本应属于自己的升迁和加薪机会。

约翰逊是一家汽车修理厂的修理工，从进厂的第一天起，他就开始不停地发牢骚，什么“修理这活太脏了，瞧瞧我身上弄得”，什么“真累呀，我简直讨厌死这份工作了”……

每天，约翰逊都是在抱怨和不满的情绪中度过的。他认为自己在受煎熬，在像奴隶一样卖苦力。因此，约翰逊每时每刻都窥视着老板的眼神与行动，有空隙，他便偷懒耍滑，应付手中的工作。

转眼几年过去了，当时与约翰逊一同进厂的三名员工，各自凭着自己精湛的手艺，或另谋高就，或被公司送到大学进修了，独有约翰逊，仍旧在抱怨声中做他的修理工。

只知抱怨而不努力去做，是不会有任何成就的，只有真正地付出后才能得到自己想要的辉煌。有多少付出，就有多少收获。职场上的好运气总是更喜欢眷顾那些肯付出的员工。

安德烈起初只是一家汽车公司下设制造厂的杂工，在不计个人得失，辛苦付出后最终成为这家汽车制造厂的副总裁。这是件在常人看来几乎不可能实现的事情，从一个杂工到副总裁，简直不可思议。

安德烈刚进入工厂时很年轻，像大多数年轻人一样，对于工作漫不经心，工作起来很没有劲头，直到他的父亲对他说：“你不可能在没有付出的情况下就得到你想要的一切。”安德烈开始反思了，他开始转变了。开始细心观察工厂的生产情形，甚至不计辛苦地向一些老技术工人去讨教。当他知道一部汽车由零件到装配出厂，大约要经过13个部门的合作，而每一个部门的工作性质都不相同。他当时就想：既然自己要在汽车制造这一行做点事业，必须要对汽车的全部制造过程，都能有深刻的了解。于是，他主动要求从最基层的杂工做起。杂工不属于正式工人，也没有固定的工作场所，是制造厂里最苦最累的工种，哪里有零星工作就要到哪里去。安德烈没有被吓倒，他一直牢记父亲的话，没有付出就不会有回报。通过做杂工，安德烈和工厂的各部门都有接触，对各部门的工作性质也有了了解。工作不久，他就把制椅垫的手艺学会了。

后来又申请调到点焊部、车身部、喷漆部、车床部去工作。

不到五年的时间，他几乎把这个厂的各部门工作都做过了。现在安德烈懂得各种零件的制造情形，也能分辨零件的优劣，厂里没有任何一个工人能够像他一样。

这一切自然没有逃过老板的眼睛，顺理成章地安德烈被提升为车间领班。他的任劳任怨、不计得失的精神被大家普遍认可，最终成为了这家制造厂的副总裁。

同样是从基层起步的职工安德烈却创造了一个职场奇迹，不得不让很多人钦佩。

一个成功的员工不一定是一个聪明的员工，但肯定是一个勇于付出的员工。他们懂得怎么在付出中来提升自己的能力，最终实现自己的职场目标。

一切事业的成功总是掌握在那些勤勤恳恳，勇于付出人的手上，即使你是一个再平凡不过的员工，只要你在你的工作岗位上兢兢业业，不怕付出，也不要去在乎什么付出都必须有回报，那么职场上的“好运”也会在你付出的路上等待着你的到来。或许你的付出不一定马上得到回报，但不管你在什么岗位，如果你不付出努力，那你肯定不会取得成功。

在职场虽然付出不一定会有收获，但不付出一定不会有收获。但可以肯定的是因为职场的付出让我们变得更加优秀，更加成熟。

做一个学习型的员工

只有不断地学习，才能跟上公司发展的步伐，使你在竞争的浪潮中，不会因为平庸被淘汰，反而会使你在很多员工中脱颖而出。

在职场生活中自我提升的方法很多，做一个学习型的员工是自我提升的最好方法。在我们的职场生活上总会碰到各种问题，我们只有抱着不断学习的心态，不断地在工作的过程中完善自我，才能成为一个更加优秀的员工。

平庸的员工看不到自己的不足，同时也不愿承认别人的优秀，他们缺少虚心向他人学习的精神。然而，三人行，必有我师，我们身边的人都是我们的老师。吸取他们失败的教训，可以使我们少走很多弯路，学习他们的优点与长处，可使自己变得更加优秀。

俗话说，学如逆水行舟，不进则退。人生如此，我们的职场生活更是如此。在工作中，无论你一开始的能力有多强，如果你安于现状，那么你很快便会被身边的人赶上，超过，而你自己却变成一个相对比较“落后”的人。

在企业中，尽管企业为员工提供了许多学习的机会，而且工作本身就是学习的最好机会，但是许多员工并没有认清这样的机会对自己是如何的重要，疏于学习，甚至是不屑于学习的心理在企业员工中普遍存在。这直接导致员工知识匮乏与技能单一，久而久之便不利于公司的发展，这些人最终也会被公司所淘汰。

罗曼·罗兰曾说过："财富是靠不住的。今日的富翁，说不定是明日的乞丐。惟有本身所具有的学问和才干，才是真实的本钱。"

现代职场中，具备向别人学习的能力已成为重要的才能之一，成为员工晋升路上最可靠的本领。可是现实生活中，有很多员工却不懂得这点。

麦蒂和布莱恩同在一家公司任职员。一个同事被晋升为部门经理，两人很不服气，他们平时和这个同事关系不怎么好。几天后，麦蒂对布莱恩说："我要离开这个公司。"

布莱恩感到很突然，问："为什么？"

麦蒂说："我恨那个部门经理，整天指手划脚，让我受不了。你呢，走不走？"

布莱恩："我哪也不去，我不赞成你现在离开。部门经理是有可恨之处，但是我们现在离开，还不是最好的时机，对我们不利。"

麦蒂不解地问："为什么？"布莱恩说："我要看他是如何成为公司独当一面的人物，向他学习。"

麦蒂觉得布莱恩说得在理，但是他还是忍受不了现在这个局面，最终离开了公司。

后来布莱恩一边努力工作，一边留心经理的工作、处世方法，暗自向他学习。结果经过半年多的努力学习后，他有了许多的经验和忠实客户。等他再见到麦蒂时，告诉麦蒂，经理跟他长谈过，准备升他做总经理助理，他不想离开公司了。

如果布莱恩当初和麦蒂一样离开公司，那日后就没有升职的机会了。他的升迁全凭着向竞争对手学习的结果。

在这个学习决定命运的时代，善于向别人学习是一个人的真正看家本领，学习如同一日三餐，万万省不得。无论你眼下多么优秀，只要你拒绝向竞争对手学习，就是拒绝进步，那么你的人生事业永远不可能走向辉煌。

所以想要在职场上站稳脚跟，我们就要不断地学习，吸取我们身边那些优秀人物身上的优点，让自己更加优秀，这样你就能成为老板眼中的那颗金子。

毕业于某高校的林晶，怀着无限的梦想与对未来的美好憧憬走进了青岛国运集团。由于林晶在校期间品学兼优，接受新鲜事物的能力比较快，国运决定把林晶安排在新生部门——人力资源部。

此时，正是国运集团高速发展时期，随着规模的不断扩大，企业所需大量专业人员远远超过了往常。林晶是学经济的，现在突然要转型做人力资源，陌生的环境、全新的工作、超负荷的用人需求，使初来乍到的林晶陷入了被动。由于工作滞后，人才跟不上企业发展的需要，领导对林晶提出了严肃的批评。面对压力，林晶委屈，但她并未灰心，永不退却的上进心马上占了上风。“世上无难事，只怕有心人。工作没做好，得从自己身上找原因。”林晶暗暗给自己鼓劲，决定用行动证明自己。

从此，每当晨曦刚刚照进办公室的时候，林晶已经坐在自己的位置上忙碌开了；每当傍晚的路灯照亮回家的路时，林晶依然在堆积如山的文件里进行着她的工作；即使是回到家里，林晶也没有放松，在她的床头，堆满了各种专业管理类书籍，每晚睡前，她至少看一小时专业书籍，然后回顾一天的工作，有针对性地对工作中遇到的问题进行分析研究，并对第二天的工作做出计划，并不断地向身边的老同志学习。

林晶对自己的严格要求终于换来了成果，人力资源部的工作蒸蒸日上，公司领导对她的工作也给予了充分的认可，任命她为人力资源部的部长。

尽管如此，林晶并没有在成绩面前骄傲自满，也没有安于现状。后来，林晶成功考取助理人力资源管理师资格证，使自身能力再上一个新的台阶。她还通过网络、报纸、招聘会等载体，通过猎头公司，以及直接与大专院校联系等渠道，广泛获取各个方面的人才信息，并通过面试询问内容、公司情况简介、限时回复等工作方法，使人力资源部工作走向制度化、规范化，让人才与企业的交流更加畅通，有效地为公司吸引了大批人才的加盟。

同时，由于国运集团的发展，公司内部员工也需要不断地学习和提高。林晶以身作则，积极投身争做学习型员工的行列中。她利用业余时间，自费参加第二学历教育，积极参与主管部门的培训班学习，努力提高自身的综合素质，拓宽知识面，为正确执行领导决策打下了坚实的基础，并逐渐成为公司不可代替的人才。

林晶成功了，而她的成功是可以复制的，我们可以学习她的那种自信与学习的精神。一个聪明的员工在工作中总会保持学习的心态，让自己在学习中提升，在学习中发展。

只有不断地学习，才能跟上公司发展的步伐，使你在竞争的浪潮中，不会因为平庸被淘汰，反而会使你在很多员工中脱颖而出。

由此可见，一个员工的优秀不仅在于他的勤奋，更在于他的学习进取，自我提升。聪明的员工懂得学习，善于学习，在学习中实现自己的目标。

保持进步，更加优秀

比尔·盖茨时常这样训诫员工：“如果大家觉得做得够好了，那么，微软离破产就只有18个月了！”比尔·盖茨是在告诫员工，不要满足于既得成绩，要不断改进自己的工作，不断追求卓越，保持进步，使自己更加优秀。

在职场上如果你想让自己成为职场的“香饽饽”，那么你应该善于学习，不断提升自己的工作能力，让自己一直保持进步，变得更加优秀，那么职场成功也距离你不远了。

在职场上平庸的员工常因满足于自己既得的成绩而不谋发展，因为他们缺少了不断质疑和改进工作的进步精神，因而，常常被时代所淘汰。

而优秀的员工敢于质疑自己的工作，并在工作中不断寻求改进，为企业创造了效益，也使自己的事业得到了发展。不断质疑和改进自己的工作是迈向卓越的起点，只有抱着不断质疑和改进的态度去工作，才能够把事情做到完美。

自我满足，不思进取则会让自己被进步的浪潮淘汰出局，即使曾经的你是那么的优秀。

在一个钟表厂，有一位工作非常卖力的工人，他的任务就是给生产线上的手表配零件。这件事他一干就是10年，操作非常熟练，而且很少出差错，几乎每年的优秀员工奖都属于他。可是后来，企业上了一套完全由电脑操作的自动化生产线，许多工作都改由机器来完成，他因此失去了工作。他本来文化水平就不高，在这10年中又没有掌握其他技术，对电脑更是一窍不通，一下子，他从优秀员工变成了多余的人。

在他离开工厂的时候，厂长先是对他多年的工作态度赞扬了一番，然后诚恳地对他说："其实引进新设备的计划我在几年前就告诉你们了，目的就是想让你们有个思想准备，去学习一下新技术和新设备的操作方法。你看和你干同样工作的小胡不仅自学了电脑，还找来了新设备的说明书研究，现在他已经是车间主任了。我并不是没有给你准备的时间和机会，是你自己放弃了。"

职场如战场，如果你没有不断改进自己工作，不断提升自己的能力，最后只能被淘汰出局。在实际工作中，有的人认为自己的工作已经做得很好了，然而你是否把握了正确的做事方向，方法是否正确，是否发挥了自己最大的潜能……工作中有很多地方需要我们不断优化和改进，自己还可以更优秀。

查理上大学的时候在一家著名的公司做兼职，由于表现出色，大学毕业后就成为该公司的正式员工，在公司里担任技术工程师。工作两年后，年仅24岁的查理就被提拔为公司历史上最年轻的中层经理，后因在技术支持中心出色的工作表现而担任了亚洲市场的技术总监。

初进这家公司时，查理只是技术支持中心的一名普通工程师，但他非常想干好毕业后的这第一份工作。当时，经理考核他的依据是记录在公司报表系统上的"成绩单"。"成绩单"月末才能看到，于是他想：如果可以每天得到"成绩单"的报表，从经理的角度，岂不是可以更好地调配和督促员工？而从员工的角度，岂不是能更快地得到促进、看到进步？与此同时，他还了解到现行用的报表系统有另外一些缺陷：当时另外一家分公司的技术支持中心只有三四十人，如果遇到新产品发布等情况，业务量突然增大，或者一两个员工请病假，很多工作就会被耽误。

综合考虑了各种因素之后，查理觉得自己有必要设计一个具有更快速反应能力的报表系统。他花了一个周末的时间写了一个具有他所期望的基础功能的报表小程序。一个月后，查理的“业余作品”——基于Web内部网页的报表开始投入使用，并取代了原来从美国照搬过来的Excel报表。由于在报表系统上出色的工作表现，公司总裁从中看到了他的一些潜在品质，认为他可以从更高的管理角度思考问题。

一年以后，总裁亲自将一个重要的升迁机会给了查理，让他担任公司在整个亚洲市场的技术支持总监。

作为企业的员工，敢于质疑自己的工作，改进工作，才会在工作中不断培养出创新能力，并取得骄人的业绩。

查理的成功在于他在职场生活中不断地改进自己的工作生活，提升自己的工作质量，这也是一个聪明的员工常用的提升个人技能的方法。

很多人抱怨工资低、岗位不好，却不思索自己的进步，去提升自己的工作能力，最后只能在抱怨中结束自己的职场生活。

请记住：永远保持进步，让自己更加优秀！

成为老板眼中的重磅人物

一个成功的经营者曾经说过：“无论你是什么岗位上的员工，只要你能在你的职位上成为这方面的精专职工，你都将成为老板眼中的重磅人物。”

在现实的职场，总会有一些员工特别的受老板的重视，甚至成为老板眼中的红人。而有些员工虽在职场上混迹许久，但仍无法达到自己想要的职场地位，以至于成天抱怨老板对待不公。

在激烈竞争的职场上，要想成为老板眼中的“重磅人物”，首先就必须把自己的职场能力提升到一个高度，修炼好自己的“内功”，使自己成为了岗位上不可或缺的“专家员工”。

美国一煤炭集团电厂的约翰，是一名有60年工龄的普通而不平凡的员工，从烧锅炉到司炉长、班长、大班长，至今他仍深情地爱着陪伴他成长并成熟的锅炉运行岗位。就是在这个岗位上他当上了锅炉技师，成为全美闻名的“锅炉点火大王”和“锅炉找漏高手”；就是这个岗位，让他感受到了一名工人技师的荣耀和自豪。

约翰有一双听漏的“神耳”，只要围着锅炉转上一圈，就能在炉内的风声、水声、燃烧声和其他声音中，准确地听出锅炉哪个部位管子有泄漏声；往表盘前一坐，就能在各种参数的细微变化中，准确判断出哪个部位有泄漏点。

除了找漏，约翰还练就了一手锅炉点火、锅炉燃烧调整的绝活。在用火、压火、配风、启停等多方面，他都有独到见解。锅炉飞灰回燃不畅，他提出技术改造和加强投运管理建议，实施后使飞灰含碳量平均降低到8%以下，锅炉热效率提高了4%，为企业年节约3200多万美元。针对锅炉传统运行除灰方式存在的问题，约翰提出“恒料层”运行，经实施，解决了负荷大起大落问题，使标煤耗下降0.4克/千瓦时，年节约5000多万美元。也因此约翰多次受到了公司董事的表扬、接见，并在厂里号召所有的员工向约翰学习，约翰成为公司领导眼中名副其实的重磅人物。

约翰学历不高、工种一般、职务很低，却成为社会公认的技术能手和创新能手，他的成长经历给我们的启迪就是：干一行，爱一行，精一行，无论我们做什么工作，都要认真钻研业务技能，让自己成为岗位上的专家。只要你肯努力，在自己的岗位上不断地钻研，使自己成为岗位上不可多得的专业人才，那么你得到老板赏识的日子也就不远了。

许振超，青岛港的吊车司机，一个只有初中文凭的桥吊专家，一个一年内就两次刷新世界集装箱装卸纪录的人。

1974年，许振超初中毕业后到青岛港当了一名码头工人。他操作的是当时最先进的起重机械——门机。许振超勤学苦练，7天就成为在一起学习的工人中第一个能独立操作的工人。面对吊钩不准的问题，许振超利用业余时间苦练技术，终于练成了“钩准”的绝活。许振超干活干净利索，使装卸工人们二次劳动大大减轻，谁都愿意跟他搭班。多年的职场拼搏使许振超不断地进步，一次次提高了自己的工作效率，屡次做到了全集团职工的多个第一。

许振超也多次受到集团领导的表扬，并在全国的职工界树立了自己的个人品牌，成为职业界的重磅人物。

从上面的例子我们知道了重磅人物是怎么炼成的，许振超的成功在于他干一行精一行，彻彻底底地成为了岗位上的专家型人物。这样的职工也是任何公司老板所追求的对象。

如果你某一方面的技术只是一般水平，就不能称为“稀”，你也就“贵”不起来。相反，如果你的某一项专业技术精通到很少有人能与你相比的地步，那你就可称得上“稀”了。

要使自己成为某一方面技术的稀少之人、珍贵之人，老板所喜爱的员工，你得学会使自己的身价倍增，办法只有一个，那就是刻苦学习专业知识，认真钻研专业技能，务求弄懂它、弄通它、精通它，努力使自己对所选专业的知识和业务技能精通、令人叫绝，成为这一领域的佼佼者，这样何愁拿不到高薪。

在工作中打造自己的个人品牌

著名管理专家宋新宇博士曾经说："个人品牌就是个人在工作中显示出独特的价值。"

对于一个普通职员来说，个人品牌能使你在职场沉浮中立于不败之地，有机会获得加薪或奖赏，甚至成为众多企业特聘的对象。

总之，最优秀的产品是自己，想将自己"卖个好价钱"，提高自己的身价，关键在于努力把自己的实力增强，让自己成为一个品牌，使自己在职场上更受欢迎。

大学毕业后张吉和杜明同时被招聘到某物流公司。张吉按部就班，自认为认真地完成经理交办的每项工作，没出什么差错，他自己也比较满意。但杜明并没有自我满足，在工作中他不断地学习运输行业的相关知识，很快提高了自己解决问题的能力。在工作中他更加注重自己的个人品牌，不仅在工作上勤勤恳恳，更是在职位之外的工作上不断地去探索、锻炼自己的能力，深得公司领导的认可。

在对客户的分析中，他发现华北地区的货物运输常有滞期现象，经分析得知多是由于修路原因造成。

于是，他通过电脑交通网络，对周边地区交通干线的路况进行了一系列的调查摸底，并于每天列出一份动态路况交通图送给经理参阅。就是这份动态的路况图，对公司的货物运输起了重要的疏导作用，不但缩短了有效运输时间，而且减少了因堵车、绕行而产生的运输费用。

工作中勤勤恳恳，善于学习，不断创新逐渐成为了杜明的个人品牌，并在公司高层引起了很多人的关注，杜明也因此受到公司领导的重视和奖励。

同样是刚起步的职员，张吉却还停留在不被注意的原岗位上。由此可见只有不满足自己的现状，不停地在工作中创新，注入自己的个人品牌，才是自己在职场上脱颖而出的最好方法。

在人们追捧名牌的时代，个人的职场品牌也逐渐脱颖而出。在职场中，成败往往由微妙的个人品质、个人品牌所决定。这也是21世纪的工作生存法则。而一旦个人品牌遭到破坏，却将难以在短时间内恢复，职场优势也将不复存在。一个在职场上失去个人品牌的人，也将会在工作上迷失自我，不仅不会在岗位上得到重视，反而会因此丢了自己的工作。

比特曾经是一家公司的销售职员，刚进公司的时候勤勤恳恳，不管是不是自己分内的工作，他总是一样的态度对待处理。由于他勤奋和创新的精神深得公司老总的赞赏，也因此很快被提升为部门经理。

可自从被提升后，比特变得非常的自满，他觉得自己已经做得够好了，已经是主管了不用再努力了，反正个人的品牌已经被公司认可了。

比特这样的心理导致公司的业绩逐渐下滑，并在一次与客户打交道的时候，忽视很多细节上的东西，使公司蒙受了很大的损失，也因此被公司开除。

个人的品牌决定着一个员工的职场命运。一个好的职场个人品牌被损害的时候，他的职场生涯也是该结束的时候了。所以作为一个员工，我们要在工作中，逐步树立良好的工作形象，才能在激烈的职场竞争中处于有利的位置。

老吴是个退伍军人，几年前经朋友介绍来到一家工厂做仓库保管员，虽然工作不繁重，无非就是按时关灯、关好门窗、注意防火防盗等，但老吴做得非常认真，他不仅每天做好工作人员的提货日志，将货物有条不紊地码放整齐，还对仓库的各个角落进行打扫清理。

三年下来，仓库居然没有发生一起失火失窃案件，其他工作人员每次提货也都能在最短的时间里找到要提的货物。就在工厂建厂20周年的庆功会上，厂长按老员工的级别亲自为老吴颁发了5000元奖金，并被提升为安保部主管。好多老员工不理解，老吴才来厂里三年，凭什么能够拿到这个老员工的奖项？厂长看出了大家的不满，说道："你们知道我这三年中检查过几次咱们厂的仓库吗？一次也没有！作为一名普通的仓库保管员，老吴能够做到三年如一日地不出差错，而且积极配合其他部门人员的工作，为公司节省了巨大的开支，我觉得这个奖励他当之无愧！"

一个员工的良好工作形象是在长期的工作过程中形成的，我们在工作的过程中坚持把每一件事情都做好，才能在自己的岗位上铸就金色的职场品牌，哪怕你是一位再普通不过的员工。

加强时间管理，升级工作效率

我们只有不断地创新我们的工作理念，提升我们的工作方法，才能使我们在职场上竞争更加有利。管理好自己的时间，提升自己的工作效率，不仅是我们的工作需要，也是我们加强职场竞争的有利“武器”。

著名的企业管理者哈林·史密斯理曾经说过：“经过不断的失败，我逐步地发现，如何在同样的时间内做更多的事情，这是值得每一位希望有效管理时间的人认真思考的问题，因为只有这样才能使自己获得更多的时间，也才能遇上更多的机遇。”

在现在职场，竞争不仅来自员工工作能力上的竞争，更来自工作效率上的竞争。懂得珍惜时间，提升工作效率的员工，总会在工作中受到老板和上级的重视。

董林是一家顾问公司的业务经理，一年大约能够接下100个生意单子，因此有很多时间是在飞机上度过的。她认为和客户维持良好的关系非常重要，所以她常常利用坐飞机的时间写短签给他们。一次，一位同机的旅客在等候提行李时和她攀谈起来：“我早就在飞机上注意到你，在2小时48分钟里，你一直在写短签，我敢说你的老板一定以你为荣。”董林笑着说：“我只是有效利用时间，不想让时间白白浪费而已。”

由于董林工作态度严谨勤奋，在时间的安排上更是惜时如金，因此每次都能提前完成公司交给的任务，为公司节约了很多时间，更是给公司争取到了很多额外的经济利润，深得公司老板的重视，最后并因此被提为公司副总的职位。

成功来自效率，来自平时自己珍惜时间的观念。只有在工作的同时，不断地加强时间管理，不断地提升自己的工作效率，才能为公司创造出更加丰厚的经济利润，得到公司的老板的认可。不懂得珍惜时间的员工，也就不懂得工作效率意义，他们往往在自己的工作岗位上，以虚度时光来结束自己的职场生活。

查尔斯·史瓦在半世纪前担任伯利恒钢铁公司总裁期间，曾经向管理顾问李爱菲提出这样一个不寻常的挑战："请告诉我如何能在办公时间内做好更多的事，我将支付给你任意的顾问费。"李爱菲于是递了一张纸给他，并向他说"写下你明天必须做的最重要的各项工作，先从最重要的那一项工作做起，并持续地做下去，直到完成该项工作为止。重新检查你的办事次序，然后着手进行第二项重要的工作。倘若任何一项着手进行的工作花掉你整天的时间，也不用担心。只要手中的工作是最重要的，则坚持做下去。假如按这种方法你无法完成全部的重要工作，那么即使运用任何其它方法，你也同样无法完成它们，而且倘若不借助某一件事的优先次序，你可能甚至连哪一种工作最为重要都不清楚。将上述的一切变成你每一个工作日里的习惯。当这个建议对你生效时，把它提供给你的部属采用"。

数星期后，史瓦寄了一张面额两万伍仟美元的支票给李爱菲，并附言她确实已为他上了十分珍贵的一课。伯利恒后来之所以能够跃升为世界最大的独立钢铁制造者，正是由于李爱菲的那数句真言。

时间管理是现代人必备的一项工作技能。一个人工作是否有效率，是否能够圆满完成任务让老板满意，在很大程度上取决于他是否能够合理地管理和利用好自己的时间，在最少的时间内做好更多的事。你也许会对社会上那些著名的企业家、政治家感到怀疑，他们每天有那么多事情要处理，却还能将自己的时间安排得有条不紊。不但能阅读自己喜欢的书籍，以休闲娱乐来调剂身心，并且还有时间带着全家出国旅行，难道他们一天不是24小时吗？正确答案是他们比别人更善于利用时间，并将它有效运用。

学以致用，把知识转化为能力

知识是一种无形的资产，只有灵活运用，把它们转化为工作能力，才能在工作中创造出更多的财富。

现实生活中，实践是检验真理的惟一标准，没有实践就没有发言权。任何伟大的思想只有付之于实践，才能变成巨大的财富。在职场工作中更是如此，只有学以致用的员工，才能在工作中不断地创造奇迹。

学习知识的最终目的就是把知识变成能力，变成精神的成果和物质的财富，如果不懂得学以致用，不能把所学的知识转化为能力，就无法创造价值，就好比一只不酿造蜂蜜的蜜蜂，只不过是徒有其表罢了。

一个人用了很长时间学习打猎的知识，最后他自认为世界上没有谁会比他更富有打猎知识了。于是，他就带着徒弟去打猎。不但一只猎物也没打到，反而因为高谈阔论把猎物们都吓跑了。他的徒弟嘲笑他说："尽管你知道了一切打猎的知识，这也只是满嘴的理论而已，可是你不亲自去实践一下，是不可能成为一个优秀猎人的。"

在职场上也是如此。作为一名员工，不管你拥有多么渊博的知识，如果不知道学以致用，只是纸上谈兵，就好像那个打猎师傅一样，是不会取得任何成就的。

知识是一种无形的资产，只有灵活运用，把它们转化为工作能力，才能在工作中创造出更多的财富。

国内一葡萄酒厂员工小李在法国学习期间，看到法国人对葡萄酒情有独钟，上至政府官员，下至平民百姓。无论是大宾馆还是小卖部，到处都有葡萄酒销售。

这位员工心想："为什么不能把中国的葡萄酒推向国际市场呢？中国葡萄酒的质量也是相当不错的。"小李开始冥思苦想，采用一切办法希望能使中国的葡萄酒打入法国市场。

国内的葡萄酒若想打入法国市场，必须经过香港口岸。但是港方却将国内的葡萄酒按洋酒征税，而洋酒的征税额度要比葡萄酒高四五倍。

为了尽快将葡萄酒打入法国市场，他和销售经理与港方税务局经过几次谈判，都没有达到预期目的。心烦意乱的小李回到家里，随手从书架上抽出一本书。那是一本《唐诗三百首》，于是就地坐在沙发上胡乱地翻了起来。看着看着，那句"葡萄美酒夜光杯，欲饮琵琶马上催"引起了这名员工的注意，他心中一下子豁然开朗起来，这不正是说服港方的有力证据吗？

第二天，小李和销售经理又回到谈判桌前与港方税务局官员开始谈判，经过几番唇枪舌剑后仍没达到预期的目的。这时员工吟出了那句诗："葡萄美酒夜光杯，欲饮琵琶马上催"，在场的港方官员都愣住了，因为他们根本不知道这两句诗的意思。其中一位官员很礼貌地问道："请问李先生，你能不能给我们解释一下刚才你所说的那句话的含义呢？"

这正中他的下怀，他解释道："这是中国唐朝著名诗人王翰的诗句。从这两句诗中就可以看出，中国早在唐朝以前就开始生产葡萄酒了。这比美国和法国生产葡萄酒的历史要早得多。所以，无论从生产工艺还是质量上，中国葡萄酒都应属土酒范畴，而不应按洋酒征税。"

小李的这番话说得港方心服口服，痛痛快快地承认了中国葡萄酒属土酒范畴。在小李的努力下，中国葡萄酒以低廉的税率、优质的口味进入了法国市场。

因为这次谈判的出色表现，小李也被提升为部门经理。

由此可见，一名出色的员工总是善于把所学的知识运用到现实的工作中。一个人拥有知识并不是最终目的，将所学到的知识迅速转变为一种提高工作效率的能力，不断将其应用到工作当中去，才是每个人所追求的终极目标。

学习的过程就好像是从葡萄园里采摘葡萄，只学习不实践就好像是只采回来葡萄而不加工，任其腐烂一样，原来所付出的努力也就全部白费了。而知识的运用，就好像是把葡萄酿造成酒的过程，有些人酿造出来的酒芬芳扑鼻，有些人却只酿造出一般口味的酒，这就是是否能灵活运用知识的问题。

从书本上学到再多的知识，如果不把它转化成为工作的技能，不转化成为物质的财富，那知识也就失去了它应有的价值。在职业化的发展过程中，每个人都需要不断地学习，不断地积累新知识，并把学到的知识转化成自身的职业能力，这样才能提升自己在职场中的竞争力。

比尔·盖茨曾经对自己的员工说过："在我们的公司，并不乏博士，我们缺乏的是那些能把自己的能力转化为工作创造力的人。希望你们每个人都能学以致用，把你们的学识转化成我们公司的创造力。"

作为一名员工，我们不但要善于学习知识，更要善于灵活运用知识，我们要把最有用的知识用在最需要的地方，发挥最大的作用，创造最高的效益。

提升能力，才能加薪

加薪是每一个员工都希望的目标，但是加薪是要有前提的，你的能力提升到那个水平了吗？你的能力为公司创造业绩、带来效益了吗？

在职场上，薪水的高低是员工能力的晴雨表，员工的个人价值决定了薪水的高低。认真观察那些公司加薪的员工，你就会发现，他们总是那些不断提升自己能力的人，他们都有一个共同观念：要加薪，就先得提升自己的工作能力。

在现实中，每个公司的老板眼睛都是雪亮的，他们比谁都清楚每个员工的工资总是跟员工的能力相匹配的。所以员工要想增加薪水，就必须先提升自己在岗位上的工作能力，为公司创造更多的财富。作为员工你只有了解到这一点，你才能更彻底地去懂得你在为谁而工作，怎么在工作中提升自己的能力。

职场上，我们经常听到一些这样的牢骚："我干那么久了，为什么还不涨工资，老板真是没有良心。""这个月的工资怎么还是这么点……"，其实在我们发牢骚的时候是否反省一下自己，我们为公司做了多少贡献？加薪，自己能力提高了吗？在任何的企业，加薪的机会都是属于那些不断进取的员工。而那些空喊加薪，却不思进取的人最终总是难逃因为自己的不努力而种下的苦果。

李华是一名电子公司的新员工，也是一名刚毕业的大学生。他正在为薪水的事而烦恼。

毕业不久他就找到了这份工作，刚上班时他对工作充满了新鲜感，工作起来十分努力，加之有几位老同事的指导，他已经迅速地融入工作中。但刚过两个星期，李华工作起来就没有刚来时那么有劲了，因为他发现，公司里他的工资是最低的，他心里感觉很不平衡。于是他找到老板，要求老板增加他的薪水。

老板耐心地告诉李华，薪酬是公司经过测算确定的，他是新人，刚进企业，好多地方需要老员工指导，在他没有为企业创造出效益之前，不能增加薪酬。

李华听后感到万分委屈，认为自己学历这么高，又这么努力地工作，老板应该给自己加薪。在要求没有得到满足的情况下，李华完全失去了刚工作时的劲头。在以后的工作中，他要么消极怠工，要么故意给上级脸色看，业绩自然很差。

几个月下来，李华没有通过公司的考核，又被卷入了找工作的大军中。

加薪是每一个员工都希望的事情，但是加薪是要有前提的，你的能力提升到那个水平了吗？你的能力为公司创造业绩、带来效益了吗？李华的加薪未果以及最后的失业，是自己对加薪的认识不足造成的。他没有认识到加薪的前提是自己能力不断的提升，不断地为公司作出自己的贡献。

在今天，很多刚踏入职场的毕业生，他们对自己有着很高的期望，觉得自己学历高，应该马上得到高薪。但实际上，他们的工作经验相对缺乏，工作能力还没有想象中的那样高，并不能给公司创造出多大的价值。

所以不管你在哪个岗位，干什么样的工作，你都应该先放下你“能力”的架子，在工作生活中磨炼自己工作的真能力，把你的学力转化成你真正的硬实力，才能得到公司和老板的认可，你也就有了为自己争取位置和加薪的机会了。

卡特和詹姆斯刚进公司的时候都是普通的员工，但是三个月后，他们之间的差距就拉得很大了，卡特对他所负责的产品的业务流程、配置了如指掌，而詹姆斯总是三天两头地犯小错。

后来，卡特兼做开发与实施工作，经常是上午在公司制定工作计划，下午到现场去监督实施，他总是忙忙碌碌地学着去处理公司的很多事情。他在工作中为公司创造了丰厚的利润。因此，公司也大幅度地增加了他的薪水。

卡特的高薪完全是他自己争取来的，他的能力和他的高薪是成正比的。

所以，若想为自己加薪，从现在开始，就要积极主动地努力工作，努力将自己的价值提升上来。薪水永远是暂时的，自我价值才是持久永恒的。人生并不是只有现在，还有更长远的未来。如果眼光只盯着温饱，得到的永远只有温饱。把眼光放远些，提升自我，高薪自然离你越来越近。

第三章　认真负责：对工作负责就是对自己负责

负责任不仅仅是一种生活美德，更是一种工作精神。不管在哪里，人总要做一些事情，总要承担一些责任。你只有承担责任，才会被欣赏重用。在职场上，那些成长得最快的人往往是那些勇于承担责任的人。责任让他们把工作当成了自己的事情来做，在他们的工作理念里，对工作负责就是对自己负责。因为这种理念，使得他们在职场上不断地创造出奇迹。

多一份责任，多一次成功

只有那些能够勇于承担责任、具有很强责任感的人，才有可能被赋予更多的使命，才有资格获得更大的荣誉。只有多一份责任的人才能多得到更好的发展机会，也就多了成功的几率。责任总是跟成功成正比，越是责任心强的人，也就越容易取得成功。

一位企业家曾经说过："一个人可以清贫，可以不伟大，但不可以没有责任感。"

责任是成长路上的无价之宝。责任伴随着每个人生命的始终。一个缺乏责任感的人，注定不会获得太大的成就。承担了责任，我们也获得了成长。在现实生活中多一份责任，就给我们多一次成功的机会。

在职场中，"千金易得，拥有责任心的人才难得"几乎成为所有企业的共同心声，责任的珍贵性由此可见一斑。责任心不仅是每一个员工都必须具备的职业道德之一，还能使我们在职场上走得更远更成功。

约翰是经过一位好心的老乡介绍才进这家公司的，做一名送货员，虽然每月的薪水只有800元左右，但是很轻松。与约翰一块儿负责送货的还有另外几个年轻人，因为工作轻松的缘故，他们在送完货后，便会在办公室休息，等待下一次任务到来。约翰没有像他们那样坐在办公室内等，而是主动去找一些力所能及的事情来做，例如：如果他恰好没出去送货，发现地板上很脏，便会拿起拖把，把它拖干净。这些事情大多数不是约翰的工作，但是他都默默无语地去做了。

那几个送货的年轻人笑约翰傻，没事找事，他这么做老板又不会多给他薪水。约翰憨憨一笑："反正没什么事做，我又不亏什么。"

公司的其他同事十分喜欢约翰，很多同事有什么事情都喜欢叫约翰帮忙，他们在工作休息的时候，也乐意和约翰交流，讲述一些约翰想了解的知识。一来二去，约翰渐渐地对公司的产品有了一些了解，并对产品所出现的大部分问题都能圆满解决。

一天他因没有外出送货的任务正在办公室休息，电话响了，是一位购买和使用他们公司产品的客户打来的，说机器出现了问题，希望维修人员过去一趟帮助修理。约翰做好了记录，并且询问了具体的问题的特征之后，才放下电话。

他拿着做好的记录去寻找维修人员，可维修人员恰好不在。当他把这个情况告诉给老板，老板也一时与维修人员联系不上。这个时候，客户又打来了电话，问维修人员什么时侯能到，他们真的急需要用那台机器。正在老板一筹莫展时，约翰想了想机器出现的问题症状，觉得自己有把握能修好，便主动提出是否可以让他去看看。

老板想了想就同意让约翰先去看看，并告诉约翰，如果真的不能处理就稍微等一会儿，维修人员回来后会立刻赶过去。当维修人员正准备前往那位出现问题的客户处，约翰回来了，只是告诉老板问题已经解决，并没有多说什么就离开了。

老板感到十分诧异，也就是从那一刻起，才开始真正地注意上约翰，他认为约翰是一个可塑的人才，并且对他进行多方面培养，最后把约翰从送货员提拔到部门技术经理的位置。

或许当你看完约翰的故事后，可能觉得约翰的运气真好，遇上了这样的好老板。但约翰最后的成功归属于他的责任心，勇于奉献出自己的责任，把自己的责任感同公司发展的命运联系在一起。看来一个员工的成功绝不是偶然的，它总在于不断地付出，一切以企业的兴衰成败作为标准，主动承担责任。

一个有责任感的员工，不仅仅要完成他自己分内的工作，而且他会时时刻刻为企业着想。老板也会为拥有能够如此关爱自己的企业，关注着企业发展的员工感到骄傲，也只有这样的员工才能够得到企业的信任。

事实上，只有那些能够勇于承担责任、具有很强责任感的人，才有可能被赋予更多的使命，才有资格获得更大的荣誉。只有多一份责任的人才能多得到更好的发展机会，也就多了成功的几率。责任总是跟成功成正比，越是责任心强的人，也就越容易取得成功。

在一个公共洗手间里，有一位老板听到隔壁小间里一直有一种奇特的响动，且响动时间过长，于是，在好奇心的驱使下，他走了过去。原来，小间里一个小伙子正在修理马桶的冲刷机构。

"是有人派你来修理的吗？"

"不是，我不是修理工，我是一位刚刚毕业的大学生，现在正在找工作呢。我刚刚上完厕所以后，发现这个冲刷设备出了问题，冲了多次都没有把脏东西冲下去，我认为这种设备的结构和原理都不怎么复杂，我是能够把它修好的。"

说完，他仍旧一个人蹲在那里，认真地修复那个冲刷设备。

过了一会儿，随着"哗"的一声，小伙子高兴地说："好了，终于好了！"接着他用洗手液把手洗干净了。正在他转身要走之际，这位一直站在卫生间门口等候的老板叫住了他："喂，小伙子，你到我公司来工作吧！"

原来他早已被小伙子如此强烈的负责精神所感动了。后来的事实说明老板的眼光是不错的，小伙子的工作业绩和实干精神赢得了一次又一次晋级加薪。

天上不会掉下来馅饼，成功的机会是我们争取的。一切事业的成功都必须用责任去呵护。

对待工作，是充满责任感、尽自己最大的努力，还是敷衍了事，这一点正是事业成功者和事业失败者的分水岭。只要你有责任感，任何事情都能做好。

企业家松下幸之助曾经说过："一个普通的员工，当他的责任感发展到与公司管理者一样高度的时候，那么他距离优秀的管理层已经不远了。"

可见，一个充满责任心的员工，不管走到哪，他获得成功的机遇总是大于那些不负责任的人。负责精神不仅是合格员工最基本的素质，更是我们职业道德之所求的。请带着责任心去对待我们工作中的每一件事情吧，多一份责任，就多一次成功的机会。

企业兴亡，员工有责

企业里的每一个员工都对其他员工负有责任，这就像互相咬合的齿轮，大家必须紧紧地连在一起，才能共同发挥作用。企业的整体责任属于企业中的每一名成员，无论你的职位高低。

本杰明·鲁迪亚德曾经说过：“没有谁必须要成为富人或成为伟人，没有谁必须要成为一个聪明人。但是，每一个人必须要做一个负责任的人。”

有人将企业比喻成一条船，这实在是一个再好不过的比喻了。日本松下电器就将自己的企业比作一条冰海里的船。在这个企业，无论是办公室、会议室，还是生产车间的墙壁上，到处都可以看到这样一幅招贴画，画上面就是一艘即将撞上冰山的轮船，在画面下面写着一行十分醒目的字：“只有你，才能挽救这条船。”由此可见公司的员工负责任的态度和公司的命运是紧密相关的。

一个企业，只有每个人都能拥有“企业兴亡，我的责任”的意识，这样的企业才能真正取得胜利，而作为公司的一员，更应该与公司风雨同舟、荣辱与共，彻彻底底地对公司负责。在岗位上行使我们的责任心促使企业成功的同时，也促进了自己能力的提升，发展自己。

李欣然学历不高，最初只是在一家房地产公司做电脑打字员。她的打字室与老板的办公室之间只隔着一块大玻璃，老板的举止她只要愿意就可以看得清清楚楚。但她很少向那边多看一眼，她每天都有打不完的材料，她知道工作认真刻苦是她惟一可以和别人一争长短的资本。她处处为公司打算，打印纸从不浪费一张，如果不是紧要的文件，她会把一张打印纸两面用。

一年后，公司资金运作困难，员工工资开始告急，大家纷纷跳槽，最后总经理办公室的工作人员就剩下她一个了。人少了，她的工作量陡然增加，除了打字还要接听电话，为老板整理文件。因为公司运转越来越困难，老板整天眉头紧锁，为公司的前途担忧。

有一天，李欣然走进老板的办公室，直截了当地问老板："您认为我们的公司已经垮了吗？"老板很惊讶地说："没有。""既然没有，您就不应该这样消沉。现在的情况确实不好，可很多公司都面临着同样的问题，并非只有我们一家。虽然公司的2000万元砸在了工程上，成了一笔死钱，可公司没有全死呀。我们不是还有一个公寓项目吗？只要好好做，这个项目就可以成为公司重整旗鼓的开始。"说完她拿出了该项目的策划文案。

很快，李欣然被派去负责那个项目。3个月后，那片位置不算好的公寓全部售出，李欣然为公司拿到了5000万元的支票，公司终于有了起色。李欣也因此被提升为公司销售部的总经理。

李欣然是这个企业杰出的一员。她在公司遭受危难的时候并没有弃公司而走，而是主动承担起重振公司的重任，这种"公司兴亡，员工有责"的职业精神正是现代企业中所不可或缺的。

然而在一些人看来，自己只是一名普通员工，没有什么责任可言。有这种想法的员工，根本没有意识到自己的责任。每一个员工都有责任履行自己的职责和义务。这种履行必须是发自内心的责任感，而不是为了获得奖赏或者别的什么。有责任感的员工，才能够得到老板的信任，也才能够获得事业上的成功。

一个没有责任感的人，不但不会忧企业之忧，想企业之想，而且会让企业的利益受到损害。他们就是企业的潜在危机，随时都可能给企业带来损失，这种人到最后也会使自己在职场上被弃。

一位零售业经理在一家超市视察时，看到自己的一名雇员对前来购物的顾客极为冷淡，令顾客非常不满，而他自己却满不在乎。这位经理问明缘由之后，对这位雇员说："你的责任就是为顾客服务，让顾客满意，并让顾客下次还到我们这里来。但是你的所作所为是在赶走我们的顾客。你这样做，不仅没有担当起自己的责任，而且使企业的利益受到损害。你懈怠了自己的责任就失去了企业对你的信任，一个不把企业当成是自己企业的人，就不能让企业把他当成自己人，你可以走人了。"这位经理让人佩服的一点就在于他没有把这个问题简单地看成是服务态度的问题，而是看到了服务态度背后更深一层的问题——责任感。

曾经听海尔员工讲过这样的一番话："我会随时把我听到的看到的关于海尔的意见记下来，不论是在朋友的聚会中，还是走在街上听陌生人说的话。因为作为一名员工，我有责任让我们的产品更好，我们有责任让我们的企业更成熟、更完善。"

作为员工，在工作中必须搞明白你是在为谁工作，你不负责的行为或许不会给公司造成很大损失，但是它使你的"自我提升"速度减慢，工作不专心，业绩不能突出。只有把自己的命运同公司的命运联系在一起的时候，用你的责任心去办好公司的每一件事情，你才能在工作中快速地成长，提升办事的能力，锻炼我们负责任的精神。

自觉履行责任，勿做职场“机器人”

工作中充满自觉性的员工，不仅是履行我们责任心的要求，更是我们做好一个优秀员工的最基本条件。这也是一个想在职场上受到上司信任和重视的优秀员工所应该具备的。

美国钢铁大王卡内基曾经说过：“有两种人永远都会一事不成，一种是除非别人要他去做，否则绝不主动做事的人；另一种则是即使别人要他做，也做不好事情的人。那些不需要别人催促，就会主动去做应做的事，而且不会半途而废的人必将成功。”

作为一名员工，不管你在什么样的工作岗位，都应该做到自觉履行分内分外的责任，不仅做些老板交代的事情，更应该要发挥自己的主观能动性，寻找工作中需要我们去做的事情，这也是责任心的体现，杜绝做职场“机器人”。

微软企业文化的一个精髓是员工要自己找事做。每一个员工都要充分发挥自己的主动性，既要有很强的责任感，同时也要有激情。简单地说，微软的工作方式就是“给你一个抽象的任务，要你具体地完成”。

对于这一点，微软中国研发中心的桌面应用部经理毛永刚深有体会。1997年他刚被招进微软时负责做word，当时他只有一个大概的了解，没有人告诉他该怎么做，该用什么工具。他和美国总部沟通，得到的答复是一切都要靠自己去做。这样，员工才能发挥最大的主动性，设计出最令人满意的产品。最后，毛永刚通过自己的努力，出色地完成了公司交给他的任务。

优秀的员工和普通的员工之间的差异，往往在于他是否积极主动地履行自己的职责。积极的员工做起事情来就没有所谓的分内分外的事情，通常他们都会把所有的事情圆圆满满地完成，这也是所有的公司领导所信任和看重的原因。

托马斯和迈克尔在码头的一个仓库给人家缝补篷布。托马斯很能干，做的活儿也精细，他看到丢弃的线头碎布也会随手拾起来，留做备用，好像这个公司是他自己开的一样。

一天夜里，暴风雨骤起，托马斯从床上爬起来，拿起手电筒就冲到大雨中。迈克尔劝不住他，骂他是个笨蛋。

在露天仓库里，托马斯查看了一个又一个货堆，加固被掀起的篷布。这时候老板正好开车过来，只见托马斯已经被淋得透湿。当老板看到货物完好无损时，当场表示给他加薪。托马斯说："不用了，我只是看看我缝补的篷布结不结实，而且，我就住在仓库旁，这都是我的工作职责。"

老板见他如此诚实，如此替自己的企业着想，就让他到自己的另一个公司当经理。

如今，许多员工都将老板及公司放在了和个人相对立的位置上，将工作酬劳算计得一清二楚、明明白白。身为职场中的员工不应当有"我必须为老板做什么"的想法，而应当多考虑"我还能为老板做些什么"，自觉地去寻找工作中的职责。

责任能激发你工作的潜能

提高员工的责任感是挖掘员工潜能的利器。在每个人的身上，都隐藏着惊人的潜能。在工作中，所有人都应当积极主动负责地做事。惟有如此，才能不断挖掘出自身的潜力，一步步实现自己的职业理想和人生目标。

在刚开始的工作中，每个人都站在同一起跑线上，但工作一段时间后会发现每个人的工作效率大不相同，这就是职场上的责任感不同所致的。只要你把责任感根植在自己的内心深处，那么为了达到你所期望的责任指标，你就会不断地激发你完成责任的潜能，不断地在工作中克服困难完成任务。

有两个小伙子同时去一家公司面试，他们的表现都非常优秀，很难分出高低，然而公司只能录取其中一人。总经理就说："由于长期的积压货物，公司面临很大的经济压力。我交给你们一个任务，你们去非洲的一个小岛上，将我们公司这次生产的皮鞋销售给那里的人，回来以后，我想看看你们的业绩。"

两个年轻人同时出发，一个月之后，他们回来了，第一个人说："不是我卖不出去皮鞋，是那里的人根本就不穿鞋，怎么会有市场呢？去那儿推销皮鞋根本就是浪费精力。要是您早点告诉我那里的人不穿鞋的话，我就不会去了。我觉得聪明的人应当到一个适合自己工作的地方去，而不会走弯路，这就是我的答案。”

第二个人则十分高兴地对总经理说：“那里有广阔的市场前景，我拉了很多的订单，就等咱公司发货了，这就可以缓解一下我们的经济压力了。”

“那儿的人根本不穿鞋，你是怎么做到那么多的订单的？”经理不解地问。

“是的，那儿的人不穿鞋，刚开始我也很苦恼。但想到我们这么大的公司却因为没有市场，马上就要面临破产，我心里就不好受，因此更有动力找市场。于是，我先让他们试穿一下，感觉好就买，感觉不好也没有关系，可以退回来。但是想不到的是，他们穿上鞋以后就不想再脱下来了。这次生产的皮鞋全部都被订购了。”第二个人回答经理。

此时，结果已非常明显了。一个人只有把责任心贯彻在自己的工作岗位上，才能超常规地完成任务，在平凡的工作岗位上创造出不平凡的事迹。

在工作中，所有人都应积极负责地去做事。惟有如此，才能不断挖掘出自身的潜力，实现自己的职业理想和人生目标。在职场的旅途中，总是充满着坎坷和挫折，惟有勇敢地承担责任、积蓄力量、发挥潜能，才能让我们的职场更加辉煌。

在湖南某市，一个普通的超市收银员成了当地百姓心中的明星。更令人称奇的是，在某一家超市内，还有以她的名字命名的收银通道——杨佳快速收银通道。

杨佳二十出头，面上洋溢着温和的笑面。

当地一位结账的顾客来到柜台前时，她便以微笑问候：“您好！”随后她一手麻利地从购物车上拿出商品，一手持计价扫描，眼角一瞄，扫描仪立即准确扫向条形码位置，一气呵成。

“98.7元！”扫描一完，她马上报出数额。

在顾客掏钱的同时，杨佳又以惊人的速度将物品整装完毕。

其实，最绝的是杨佳的收钱动作，她的三个手指尖在抽屉各个小方格中一点，钞票和硬币好像是粘在她的手指上，转瞬之间，要找的钱一下子就递到了顾客眼前。

一位顾客赞叹道："看她收银，简直就是观赏高水平的表演！"

后来，杨佳凭借着她精湛的专业技能在"银联杯"全国商业服务收银员银行卡知识、技能竞赛总决赛中，以绝对优势获得个人第一名。

当记者采访她时，她告诉记者，有一件事对她触动很大。

在杨佳刚刚进入超市工作时，技术很不熟练，有一次，一位顾客买了一支冰激凌，站在长长的队伍内等待结账，好不容易等到时，冰淇凌已经融化了。

杨佳很过意不去，提出要替顾客换一支，却被婉拒了。这件事使杨佳暗暗下定决心：快速准确地为顾客服务，这是一名售货员最基本的责任所在，我一定要提高自己的专业技术。

从那以后，她常常利用休息时间苦练技术，饭后练，看电视时练，甚至睡觉前坐在床上还要练上几把。杨佳的双手长满了老茧，指纹几乎被磨没了。功夫不负有心人，杨佳的收银技能突飞猛进！点钞速度迅增，并掌握单张单指、一指多张、五指连张等各种花样点钞法；条码录入，她从两指录入到五指并用，达到1分50秒能准确录入50个13位数的编码，刷新了这一行业的纪录。

在工作岗位上，我们每个人都要有高度的责任感，我们要把高标准当成自己的原则，从中学习更多的知识，积累更多的经验，激发自己的潜能，做到努力自我，挑战自我，超越自我。

对工作负责就是对自己负责

在职场上好的工作态度，往往会给你创造很多的职场奇迹。在众多平凡的员工中，只有对公司对工作负责任的员工，才能在工作生活中脱颖而出，实现自己的职场理想。

工作是一种使命，我们要像热爱生命一样热爱工作。从某种意义上来说，你的工作态度决定了你的人生态度，你的工作成就决定了你的人生成就。因此，要是你不想拿你的人生开玩笑的话，那就要勇敢地承担自己的工作责任。

在职场生活中，一个员工的人生价值是在自己的工作岗位上实现的。而在这个过程中我们都必须不断地在岗位上提升自己的能力，并把责任灌输在我们的职场生活中，认认真真地对我们所选择的工作负责，这不仅是对公司负责，更是对自己的一生负责。

一个聪明的员工总是把工作当成自己的事情来对待，他们知道工作是一种态度，而在职场上态度决定一切。

职场上你只有负责任地履行你的岗位职责，苦练你的内功，把属于你的工作顺利完成了，才能对得起你的职业良心。一切玩忽职守的工作态度都会给你的职场生活甚至你的人生带来毁灭性的影响。

铁路局工作的布鲁斯是一名火车后厢的刹车员，冬季的一个夜晚，突然下起了一场暴风雪，导致火车晚点了。布鲁斯也抱怨着，因为这场暴风雪迫使他不得不在这样寒冷的冬夜里加班。就在布鲁斯正想着如何才能够逃脱夜里的加班时，另外一节车厢中的列车长与工程师已开始对这场不期而至的暴风雪警惕起来。

这个时候，在两个车站中间，狂风吹掉了其中一列火车发动机上的汽缸盖，必须临时停车，但另一辆快车又必须拐道，几分钟之后就要从这一条铁轨上驶过。列车长立即跑来让布鲁斯提着红灯去后边。布鲁斯心想，后车厢还有一名工程师与助理刹车员在那里守着呢，就笑着对列车长说："不必那么着急，后边有人守着呢，我取来外套就去。"列车长十分严肃地说："1分钟也不能等了，那列火车马上就要开过来了。"布鲁斯微笑着说："好的！"听了他的答复以后，列车长又急忙奔向前面的发动机房。

不过，布鲁斯并未马上动身，他觉得后车厢内有一名工程师与一位助理刹车员在那里替他扛着这项工作，自己就不用冒着严寒与危险快速奔向后车厢了。于是，布鲁斯停下来喝了几口小酒，暖了暖身子，这才吹着口哨，不慌不忙地走向后车厢。

没想到，布鲁斯刚刚走到距离车厢还有十几米远的地方时，就发现工程师与那位助理刹车员根本就不在那里，原来列车长早已让他们到其前面的车厢去处理另外一个问题了。布鲁斯快速向前跑去，可一切都来不及了。就在这可怕的一刻，那辆快车的车头就撞到了布鲁斯所在的这列车，受伤乘客的嘶喊声和蒸汽泄漏的嗞嗞声混杂在了一起。

事后，当大家去找布鲁斯的时候，他已经失踪了。几天后，人们在一个谷仓中发现了他。这时，他已经疯了。他看上去傻傻的，嘴里不时喊着："啊，我本该……"

人们将布鲁斯送回了家，接着他又被关进了疯人院。

责任没有大小之分，哪怕一丝一毫的不负责任，都会造成车毁人亡的惨剧。所有的工作岗位都是非常重要的，任何一个人的任何一点不负责任的行为，都有可能会给企业和自己造成很大甚至无法弥补的损失。在工作中，一个人的工作行为决定了不只是你个人的命运，甚至关系到无数人的生命安全。所以不管做什么工作都应该认真地履行你的岗位责任。

比尔做了一辈子的木匠工作，因对待工作尽职尽责而深得老板的信任。年老力衰时，比尔对老板说，自己想退休回家与妻子儿女共享天伦之乐。

老板十分舍不得比尔，再三挽留，但是他去意已决，不为所动。老板只好答应比尔的请辞，但提出希望他能再帮助自己盖一座房子，比尔自然无法推辞。

然而，比尔归心似箭，心思已经不在工作上了，用料也不如以前那么严格，做出的活也全无往日的水准。等到房子盖好后，比尔急匆匆地向老板请辞。这时，老板做出了一个让比尔意想不到的举动——老板将钥匙交给了比尔。

“这是你的房子，”老板说，“我送给你的礼物。”老木匠愣住了，悔恨和羞愧溢于言表。他一生盖了那么多豪华的住宅，最后却为自己建了这样一座粗制滥造的房子。

同样一个人，可以盖出豪华的住宅，也可以建造出粗制滥造的房子，不是因为技艺减退，而是因为没有尽职尽责地去对待工作。其实岗位上的责任就是出色地完成自己的工作。如果一个人希望自己一直有杰出的表现，就必须在心中种下责任的种子，在工作中做到尽职尽责，让责任成为鞭策、激励、监督自己的动力。

在职场上好的工作态度，往往会给你创造很多的职场奇迹。在众多平凡的员工中，只有对公司对工作负责任的员工，才能在工作生活中脱颖而出，实现自己的职场理想。

站在老板的高度思考工作

一位知名的企业管理者曾经说过："我工作时的心态就好像自己是公司老板一样，不仅发现有哪些做得不够好或是不合理的地方，而且会设法加以解决。"

在职场上，站在老板的高度思考问题，是一种具有高度责任感的工作态度。一个优秀的员工，总是善于以老板的眼光去看待工作中的一切事情。这样的工作态度不仅能提升自己的责任意识，更能在这个过程中使自己变得像老板一样的优秀。

像老板一样思考，你就可以更加全面深入地了解你的老板，了解老板的内心世界，了解老板的做事风格；你还可以设身处地地为老板考虑，这样既有利于处理你和老板的关系，也会使老板对你的印象更加深刻，更会在工作中开拓你的视野。

在IBM公司，每一个员工都有一种意识——我就是公司的主人，我要为自己的公司做事，并且一定尽力做好。员工主动接触高级管理人员，与上司保持有效沟通，对所从事的工作更是认真负责，并能保持高度的工作热情。

"像老板一样思考"源于托马斯·沃森的一次销售会议。那是一个寒风凛冽、阴雨连绵的下午，沃森在会上先介绍了当前的销售情况，分析了市场面临的种种困难。会议一直持续到黄昏，气氛很沉闷，一直都是托马斯·沃森自己在说，其他人则显得烦躁不安。

面对这种情况，沃森缄默了10秒钟，待大家突然发现这个十分安静的情形有点不对劲的时候，他在黑板上写了一个很大的“think”（思考），然后对大家说：“我们共同缺少的是——思考，对每一个问题的思考，别忘了，我们都是靠工作赚得薪水的，我们必须把公司的问题当成自己的问题来思考。”之后，他要求在场的人开动脑筋，每人提出一个建议。实在没有什么建议的，可以对别人提出的问题加以归纳总结，阐述自己的看法和观点，否则不得离开会场。

结果，这次会议取得了很大的成功，许多问题被提了出来，并找到了相应的解决办法。从此，“思考”便成了IBM公司员工的座右铭，也成为公司取得胜利的法宝。

每一位老板都像上文中的沃森那样，希望自己的员工可以像自己一样，随时随地都站在公司发展的角度来思考问题，然而由于角色、地位和对公司所有权的不同，员工的心态很难与管理者完全一致。在许多员工的思想中，“公司的发展是由员工决定的”之类的话只不过是一句空话，这是他们拒绝从老板的角度思考问题的主要理由。

在现实工作生活中，像老板一样思考，会让你站在老板的高度去思考企业所面临的问题，这会大大开阔你的视野、提高你的能力。要知道，你的老板肯定可以作为员工的典范，你可以看看他是如何在为公司工作，你完全可以用老板的标准来要求自己。当你从公司主人翁的角度去思考问题时，你的工作态度、工作方式以及你的工作成果，就会越接近老板最初的目标。

皮特是美国一物流公司的员工，在众多员工中他也只不过是一个小职员。不过皮特不管做什么事情总是很负责任并经常站在老板的角度去计较公司经济的得失。

因为职位低，所以他的想法也遭到了很多同事的取笑，认为这些事情应该是老板所想的事情，跟一般员工无关。

工作中皮特发现了公司在物流运输过程中的一个重要的问题，那就是运输效率不是很高，这是因为公司在货运路程和时间上没有科学合理安排的结果。这每年也因此给公司带来不小的经济损失。其实很多员工也发现了这个问题，但是他们觉得那是公司老板的事，跟自己没有关系。

皮特觉得公司的浪费也是自己工作的浪费，并把这个问题反映给了老板，在过程中也提出了自己解决问题的方案。

老板对皮特大为赞赏，并提升他为经理。

日本著名企业家井植薰曾说："对于一般的职工，我仅要求他们工作8小时。也就是说，只要在上班时间内考虑工作就可以了。对于他们来说，下班之后跨出公司大门，他们爱干什么就可以干什么。但是，如果他只满足于这样的生活，思想上没有想干16个小时或者更多的念头，那么他这一辈子都可能永远只能是一个一般的职工。否则，你就应当自觉地在上班以外的时间多想想工作，多想想公司。"

作为员工，肯定会对公司对老板多多少少有所抱怨，这就是因为员工总是站在自己的位置上看问题。若员工都能自问一句："若我是老板的话会怎样做？"也许，你会发现原来对老板不理解的做法，换成自己，也同样会这样做，也许处理得还没现在这么好。有些员工确实比老板的才能还高很多，但由于从来没有像老板一样思考过，所以也只能永远是公司里的一名普通员工，永远只是为别人干活。

一定要明白，所有的老板都不会青睐那些只是每天8小时，在公司按部就班工作的员工，他们所渴望的是那些能时时处处站在老板的角度看问题的人，他们并不是要求你“身在曹营，心在汉”地只做表面工夫，而是希望你能在任何时候对公司内发生的任何事都能深入地思考、积极地行动，能够真正把公司的事情当成自己的事情来做。

作为一名员工，也只有当你真正地像老板一样思考的时候，你才能深刻地体会到老板的过人之处，深刻地感受到老板的不易；也只有你真正地像老板一样思考的时候，你才能够成为一名优秀的员工，因为当你十分明确自己对公司盈亏有义不容辞的责任时，你就会很自然地留意身边的各种机会，而且只要积极行动必定会有所收获。因而，你所获的评价也一定会提高，很快你也会就此脱颖而出。

“像老板一样思考”，把自己当成老板，且办事的效果超出老板的底线甚至期望，自然就能得到更高的薪水，也终会成为一名公司中举足轻重的人物。

该完成的工作绝不拖延

著名管理学大师彼得·德鲁克曾说:“责任保证绩效。”这句话揭示了企业提高效率的关键所在。要想真正提高员工的工作效率，首先就要保证员工的责任感，保证该完成的工作绝不拖延。

一名优秀的员工总会把工作效率成功地诠释在工作上，做事情绝不会去拖拖拉拉，而是严格按照公司的时间表的要求去按时完成公司的任务。拖拉的工作态度是一个不负责任的工作态度，有这种工作行为的人，在职场上是不会给公司领导留下好的印象的，甚至会因此结束了自己的职业生涯。

工作中，并非所有的拖延者都是懒散懈怠的人，相反，在拖延者中，有相当一部分的人工作勤勤恳恳。他们之所以拖延，是因为他们分不清工作的轻重缓急，弄不清自己该先去做些什么，时而做做这，时而做做那，结果是什么都没做成。但不管怎么说，这也是种不负责任的表现，在职场上，这种员工总是容易因为自己的毛病而吃了大亏的。

刘丽是某私企经理秘书，几年前刚进公司时，刘丽还脱不了“学生气”，做事总分不清主次，每次经理布置工作时，她都认真记录，可具体执行时便因种种原因“走样”：不是丢三落四，就是缺东少西，拖拖拉拉。

有一次经理出差，临走前让刘丽起草一份重要的发言报告，以备一周后回来开会用。刘丽认为时间很充裕，可以慢慢准备。其后几天刘丽只管忙着处理其他日常事务。转眼到了第六天，刘丽突然想到经理第二天就要回来了，可报告还没开始动笔，不巧的是，刘丽这天的事情又特别多，上午要替经理参加朋友的开业庆典，下午又要接待已提前预约的客户。

等一切处理妥当，已临近下班，刘丽只好准备回家连夜赶写报告。当刘丽坐到电脑前开始写报告时，却突然发现，有些背景资料忘记带回家了。

隔天李丽只能顺便应付了一下。

开完会后，经理把刘丽叫到办公室，开门见山地质问她这一个星期的工作状况，然后严肃地说："你有一个星期的时间，为什么交出这样没水平的报告，甚至还有一大堆错字？"

刘丽也因此丢了工作。

大家都知道，拖延并不能使问题消失，也不能使解决问题变得容易，而只会使问题恶化，给工作造成更严重的危害。当这种行为成为一种习惯，将给我们的职场生活带来可怕的影响，使我们无法在职场生存。

而且，没有任何人会为我们承担拖延的损失，所以，我们应该立即行动起来，不要被拖延缚住手脚。更严重的是，拖延会侵蚀人的意志，消耗人的能量，阻碍人的潜能发挥。处于拖延状态的人，常常会陷入一种恶性循环之中。为此，他们常常苦恼、自责、悔恨，但又无法自拔，结果一事无成。

在工作中按时完成工作任务是一个合格的员工应该具备的工作素质，更是一种职场责任心的体现。优秀的员工在工作上总不会拖延，不管碰到什么困难，他们总会想一切办法完成任务，使公司放心，让领导信任，也让自己的职场生活更加的辉煌。

怀特是运输公司的一名司机，负责给远郊的代理商运送生活物资。

在冬天的一次运输中，怀特赢得了公司及远郊的市场对他的肯定。

一次冬季的大雪把运输的道路都给覆盖了，但远郊的代理商却又被要求按时把物资运到目的地，否则一切损失由运输公司承担。这一下把运输公司的领导都急坏了。

很多司机深知工作的难度，更是想到工作的危险，也因此找各种借口逃避工作。但怀特毅然接下了这个活，并选择一条难走，却更便捷的小道运输。在克服层层困难下，怀特提前了一个小时把货物运到了目的地，深得很多郊外代理商的赞扬。

后因为怀特负责任的态度，而且按时完成了公司的任务，被提升为运输队长。

“工作绝不拖延”不但是一种使命，更是一种责任。这种责任促使我们在工作生活中变得更加优秀。

能力诚可贵，责任价更高

成功源于责任，责任胜于能力。责任心能唤起你在工作岗位上的干劲。只要你深怀着责任心去履行你的职责，即使在平凡的职位上也会做出惊人的业绩。

一位伟人曾说过："人生所有的履历都必须排在勇于负责任的精神之后。"

一个员工的能力再强，如果他不愿意付出，就不能为企业创造价值；而一个愿意为企业全身心付出的员工，即使能力稍逊一筹，也能通过努力，为企业创造出最大的价值来。

工作中我们强调"责任比能力更重要"，并不是对能力的否定，而是强调在能力相同或大致略同的情况下，责任心对工作的结果往往能起到决定性的作用。

责任能使一个人具有最佳的精神状态，精力充沛地投入到工作中，并最大限度地发挥自己的潜能。

某天线公司生产的产品质量不错，可是有一年销量不佳，眼看厂里就要因为商品羁押而倒闭了，老板对此很是头疼。他来到营销部，让所有员工针对天线的营销工作发表自己的看法。

营销部的王经理叹息说："人家的天线三天两头在电视上打广告，

我们公司的产品毫无知名度，我看这库存的天线够呛。”营销部里很多平时经验丰富的老员工也随声附和。

老板脸色阴霾，扫视了一圈后，把目光停在一位刚入厂不久的年轻人身上。自从进厂后，在老板的眼里他就是一个非常负责任的员工。老板也深知厂里的经济效益不好，这名员工的心里也不好受。老板走到他面前，让这名新员工说说对公司营销工作的看法。

年轻人告诉老板，在他的家乡有十几家天线生产企业，但只有某厂生产的天线在全国知名度最高，品牌最响，其余的都是几十人或上百人的小规模企业，但无一例外都有自己的品牌，有两家小公司甚至把大幅广告做到那家品牌天线厂对面的墙上，敢与知名品牌竞争。

老板静静地听着，挥挥手示意年轻人继续讲下去。年轻人接着说：“我们公司生产的天线今不如昔，原因很多，但归结起来主要是我们的销售定位和市场策略不对。”

这时候，营销部经理很生气，说：“你只会纸上谈兵，尽讲些空道理。现在全国都在普及有线电视，天线的滞销是大环境造成的。公司在甘肃那边还有5000多套库存，你有本事推销出去，营销部经理的位置让你坐。”

年轻人提高嗓门朗声说道：“现在全国都在搞西部开发建设，我就不信我们质优价廉的产品连人家小天线厂也不如，这么大的甘肃难道连区区几千套天线也推销不出去？”

几天后，年轻人风尘仆仆地赶到了甘肃，跑遍了兰州几个规模较大的商场，但是几天下来仍毫无建树。

但想到产品卖不出去厂子就要倒闭，他深感责任重大。于是，他没有放弃，而是走访附近的居民，收集有关市场消息。终于，他得到一个消息：“一个农场由于地理位置关系，信号不是很强，买的彩电都成了摆设。”听到这则消息，年轻人如获至宝，当即带上十来套样品天线去了那里。当地人告诉他，这里夏季雷电较多，以前常有彩电被雷电击毁的事件发生，不少天线生产厂家也派人来查，知道问题都出在天线上，可查来查去没有眉目，使得这里的几百户人家再也不敢安装天线了。

这位年轻的员工拆了几套被雷击的天线，发现自己公司的天线与他们的一样。于是，他做了很多试验，最后终于弄明白，原来是天线放大器的集成电路板上少装一个电感应元件。这种元件在任何型号的天线上都是不需要的，它本身对信号放大不起任何作用，但是没有这个元件就等于使天线成了一个引雷装置，它可直接将雷电引向电视机，最后导致电视被雷电所击坏。

找到了问题的症结，一切问题就迎刃而解了。不久，这位新员工将从商厦拉回的天线放大器上全部加装了电感应元件，并将此天线先送给农场场长试用了半个多月。期间曾经雷电交加，但农场场长的电视机安然无恙。此后，仅这个农场就订了500多套天线。热心的场长还把年轻人的天线推荐给附近5个农场，又销出2000多套天线。

短短半个月，一些商场甚至主动向这名员工要货，连一些偏远县市的商场采购员也闻风而动，原先库存的5000多套天线不久就被售完。一个月后，年轻人返回公司，公司如同迎接凯旋的英雄一样欢迎他。营销部经理也已经主动辞职，公司正式任命年轻人为营销部经理。

虽然，年轻人只是一个普通的员工，但是他表现出来的强烈的责任感正是他胜过原营销部经理的原因。在工作中即使你的能力再强，如果你没有责任感，也就没有动力和激情。不能把你的能力充分地释放出来，你的工作质量也因此大大地打折了。所以从某种意义上来说，成功源于责任，责任胜于能力。责任心能唤起你在工作岗位上的干劲。只要你深怀着责任心去履行你的工作，即使在平凡的职位上也会做出惊人的业绩。

用责任心点燃激情

比尔·盖茨说："每天早晨醒来，一想到自己所从事的工作和所开发的技术将会给人类生活带来巨大的影响和变化，我就会无比兴奋和激动。"

美国纽约中央铁路公司前总裁弗瑞德·瑞克皮·威廉森曾说过："我越老越感到激情是成功的秘诀。成功的人和失败的人在技术、能力和智慧上的差别通常并不是很大，但是如果两个人各方面都差不多，具有激情的人将更可能如愿以偿。一个能力不足但是具有激情的人，通常会胜过能力高强但是缺乏激情的人。"

工作的激情又是责任心的体现，只要一个人很负责任地对待自己的工作，他就会充满激情地爱上自己的工作，更不会觉得工作的单调。

如果一个人对工作充满了激情，不管做何种工作，他都会调动一切因素，全身心地投入，圆满地完成工作。他们通常十分热爱自己的工作，并且认为任何工作都是一定要完成的，如果在工作中遇到困难，他们会想尽各种办法去解决，力求尽善尽美地将任务完成。不过，要是一个人没有激情的话，任何工作都不会引起他们的兴趣，也无法调动他们的积极性，他们只会按部就班地工作，甚至敷衍了事。当碰到难题的时候，他们就会感到沮丧，从而无法很好地将工作完成。这种人又怎能取得成功呢？

一个人对工作没有责任感，那他就不会对工作产生激情。他的责任意识淡薄，觉得工作干好干坏和自己没有多大关系，因此也就不会尽自己最大的努力去完成工作。不过，当一个人对工作抱有强烈的责任感时，他就会自觉地燃烧起激情，全身心地投入到工作中去。

这就像比尔·盖茨所言："每天早晨醒来，一想到自己所从事的工作和所开发的技术将会给人类生活带来巨大的影响和变化，我就会无比兴奋和激动。"

有一位推销百科全书的业务员，曾经连续6年在36个国家获得销售业绩第一名。有人问其成功秘诀，他回答说："想到公司的销售责任，我就浑身充满了激情。每次拜访顾客以前，我都会提前5分钟到，然后在洗手间里照照镜子，将两根手指伸到嘴巴内，开始扩张，等感到肌肉松弛了，就对着镜子说：'我要让更多的人获得知识，我在做世界上最高尚的事情。'"

一次，这位业务员和一位总经理约好了下午2点钟见面。1点55分他准时来到洗手间：对着镜子说："我要让……"这个时候，突然有个人走了进来。他依旧继续说着。这个人笑了笑，上完洗手间就走了。

到了1点59分业务员敲开了总经理的门，进去以后，两个人都有些惊讶，因为刚才他们在洗手间里已经见过了。

总经理直接说："小伙子，你的产品我要了。"

"能告诉我这是为什么吗？"业务员问。

"这是因为，你的激情感动了我，我早就听说过，你每次拜访顾客都要提前5分钟到，并在洗手间里照镜子，今天亲眼所见，所以我相信你介绍的产品。"

责任影响激情，激情成就事业，因此许多知名企业都将激情当成招聘员工的标准。例如：微软的招聘考官曾经对记者说："我们愿意招的‘微软’人，他首先应是一个非常有责任心的人，这种人对公司有激情，对技术有激情，对工作有激情。可能在一个具体的岗位上，你会觉得奇怪，怎么会招这么一个人，他在这个行业涉猎不深，年纪也不大，但是他有激情，在谈话中，他会感染你，所以，我们需要的就是这种人。”

吉米是一家管道疏通公司的员工，他每天都不知疲倦地穿梭在纽约居民区的各个角落，总是快乐地去应付一些像掏马桶、疏通管道堵塞的活。一位过路者忍不住道：“你每天都这么快乐吗？面对着那么脏的工作，你怎么还那么有激情？”

“我每想到我的工作对于纽约这么大的城市的意义时，我就充满了激情。”吉米道。一名员工当用自己的责任去诠释自己的工作的时候，那么在平凡的岗位也能冒出激情的火花，最后创造出职场奇迹。

第四章　不找借口：不为失败找借口，只为成功找方法

不管在生活中还是工作中，借口就像毒瘤一样，会吞噬掉一个优秀的人。当找借口成为一种习惯的时候，那么也是你事业萎缩的开始。在工作中我们总会碰到这样那样的困难，而当你面对困难的时候，找借口是一种逃避的体现，这根本不能促使问题的解决。你只有勇于面对困难，才能使困难得到解决。你也能在解决困难的过程中提升自己的工作能力。在职场上，我们应该要牢记职责，拒绝借口。

坚决完成任务，不找任何借口

借口，就像是毒药，它有着“润物细无声”的渗透力与温水煮青蛙的适应性，也有着铜墙铁壁似的顽固性，正是因循了人类思维的这种特性，肆无忌惮，以致于让许多人都成了它的“阶下囚”。

对困难我们往往都有两种抉择，一种是勇敢面对，排除万难，坚决完成任务；另一种是为困难寻找借口，选择逃避的方式去面对，为自己的失败找借口。

麦克是一家具销售公司的部门经理。有一次，他听到一个秘密消息：公司高层决定安排他们这个部门的人到外地去处理一项非常棘手的业务。他知道这项任务非常麻烦，难度非常大，所以便提前一天请了假。第二天，上面安排任务，恰好他不在，便直接把任务交代给他的助手，让他的助手向他转达。当他的助手打他的手机向他汇报这件事情时，他便以自己身体不适为借口，让助手顶替自己去处理这项事务。同时他也把处理这项事务的具体操作办法在电话中教给了助手。

半个月后，事情办砸了，他怕公司高层追究自己的责任，便以自己已经请假为借口，谎称自己不知道这件事情的具体情况，一切都是助手办理的。他想，助手是总裁安排到自己身边的人，出了事，让他顶着，在公司高层面前还有一个回旋的余地，假若让自己来承担这件事的责任，恐怕有被降职降薪的危险。但是，纸是包不住火的，当总裁知道了事情的真相后，毫不犹豫地辞退了他。

可以说，只有敢于担当起自己应尽责任的人，才是成熟的人，才能获得成功。

借口是事业发展的毒瘤，我们应该不为我们岗位上的失败找借口。

寻找借口虽然可以一时推掉责任，但是却会影响了本应该属于你的机会，同时逃避的你也会给人留下不好的印象，以至大家对你的人品及处事能力打折。面对困难如果你避而退之，以某些不是理由的客观的借口草草了事。这样对你的处事能力就带来不良的影响，长期下去，更对你的为人带来严重的负面的影响。以至你应事能力下降，结果造成了什么都想找借口，什么事都不想干，什么事都干不了。

只有迎难而上，积极地面对问题，认真分析问题，找出解决问题的各种办法、手段，并坚定不移地朝着问题解决的方向走下去，才能把困难解决，完成任务。

很多时候我们常常抱怨外在的一些条件，甚至于自己的智商。其实当你在抱怨的时候，实际上你就是在逃避，而逃避的惟一好处就是安慰自己。但这种安慰是致命的，它让你对现存的状况无动于衷，并且给你一种心理暗示：我克服不了客观条件造成的困难。在这种心理的暗示引导下，你不再去思考克服困难，完成任务的方法，哪怕是只需要做一点点努力就可以成功的任务。

作为企业员工，我们首先要有责任心，为工作负责，为企业负责。当工作中出现了问题，领导批评我们，处分我们，我们心里总是不服气，认为那不是自己的原因，至少不全是自己的原因。但是，如果我们肯虚心接受批评，勇敢承担责任，想方设法去把事情做好，那将得到什么呢？企业会因我们把事情解决了而重视我们，奖励我们，让我们去做更大更重要的事情，我们也将会得到更多的发展机会和获得更大的成就。

当我们面对问题或困难时，只要我们积极地解决问题，不推脱，勇于负责，习惯也就悄然养成了。

工作时，我们的大脑总是按照惯性搜索最近使用与最常使用的信息，并引起外显的条件反射。

美国职业篮球协会（NBA）1994年至1995年赛季的最佳新秀杰森·基德，谈到自己成功的经历时说："小时候，父亲常常带我去打保龄球。我打得不好，总是找借口解释自己为什么打不好，而不是去找原因。父亲就对我说：'别再找借口了，这不是理由，你保龄球打得不好是因为你不练习。'他说得对，现在我一发现自己的缺点便努力改正，决不找借口搪塞。"达拉斯小牛队每次练完球，人们总会看到有个球员在球场内不停地奔跑一小时，一再练习投篮，那就是杰森·基德，因为他是一个不为自己寻找借口的人。

借口，就像是毒药，它有着"润物细无声"的渗透力与温水煮青蛙的适应性，也有着铜墙铁壁似的顽固性，正是因循了人类思维的这种特性，肆无忌惮，以致于让许多人都成了它的"阶下囚"。主动解决问题，坚决完成任务，长此以往，成功就会永远伴随你左右。

末流员工找借口，一流员工找方法

善于寻找借口的人，是不会主动想办法解决问题的，哪怕有现成的办法摆在他面前，他也难以接受，这就是一流员工与末流员工的根本区别。

一流员工和末流员工的最大区别莫过于：在遇到难题的时候，优秀的员工总是能够主动去找方法解决，而不是找借口逃避责任，找理由为失败辩解。

而末流的员工总是在为自己的失败找理由，为不利的客观条件找开脱，认为失败的因素是归于客观条件的不利，甚至以“天时地利不和”等借口搪塞。

找理由为自己的失败辩解只会加倍失败，只有去找方法解决问题才会成功。许多人生中的失败，根源在于那些一直麻痹着我们的借口，让我们忘掉了自己肩上所承担的责任。

有一次，李嘉诚去推销一种塑料洒水器，连走了好几家都无人问津。一上午过去了，一点儿收获都没有，如果下午还是毫无进展，回去将无法向老板交代。尽管推销得不顺利，他还是不停地给自己打气，精神抖擞地走进了另一栋办公楼。当他看到楼道上的灰尘很多时，突然灵机一动，没有直接去推销产品，而是去洗手间，往洒水器里装了一些水，将水洒在楼道里。十分神奇，经他这么一洒，原来很脏的楼道，一下变得干净起来。这一来，立即引起了主管办公楼的有关人士的兴趣，一下午，他就卖掉了十多台洒水器。在做推销员的整个过程中，李嘉诚都十分注重分析和总结。他将香港分成几个片区，对各片区的人员结构进行分析，了解哪一片区的潜在客户最多，便有的放矢地去跑，重点攻击，这样一来，他获得的收益自然要比别人多。

纵观李嘉诚的奋斗历史，其实就是一个不断寻找方法来改变命运的过程。这也是一个商业王者的成功之道。

在工作中为失败寻找借口是一种不好的习惯。出现问题不是积极、主动地加以解决，而是千方百计地寻找借口，你的工作就会拖沓、没有效率。借口变成了一面挡箭牌，事情一旦办砸了，就能找出一些看似合理的理由，以换得他人的理解和原谅。找到借口的好处是能把自己的过失掩盖掉，心理上得到暂时的平衡。但长此以往，因为有各种各样的借口可找，人就会疏于努力，不再想方设法争取成功。

曾经听一公司老总讲的故事，让人感触颇深。

他说，他曾经正式招聘过一位员工，但没想到，还不到半个月时间，他就不得不把她辞退了。那位员工是一位刚毕业的女大学生，学识不错，形象也很好，刚开始上班时大家对她的印象还不错。但没过几天，她就开始迟到，办公室领导几次向她提出，她总是找这样或那样的借口来解释。

一天，领导安排她到北京大学送材料，要跑三个地方，结果她仅仅跑了一个就回来了。领导问她怎么回事，她解释说："北大好大啊。我都在传达室问了几次，才问到一个地方。"

老总生气了："这三个单位都是北大著名的单位，你跑了一下午，怎么会只找到这一个单位呢？"

她急着辩解："我真的去找了，不信你去问传达室的人！"

老总心里更有气了："我去问传达室干什么？你自己没有找到单位，还叫老总去核实，这是什么话？"

其他员工也好心地帮她出主意："你可以找北大的总机问问三个单位的电话，然后分别联系，问好具体怎么走再去。"

"你不是找到了其中的一个单位吗？你可以向他们询问其他两家怎么走。"

"你还可以在进去之后，问老师和学生……"

谁知她一点也不理会同事的好心，反而气鼓鼓地说："反正我已经尽力了。"

就在这一瞬间，老总下了辞退她的决心：既然这已经是你尽力之后达到的水平，想必你也不会有更高的水平了。那么只好请你离开公司了！

虽然女孩的举动让很多人难以理解，但大家还是认为，像这种遇到问题不是想办法解决而是选择找借口推诿的人，在职场中并不少见。而他们的命运也显而易见——凡事找借口的员工，在单位绝对不会有任何好的发展。

借口就像毒瘤一样，会吞噬掉一个优秀的人。找借口的人，是不会主动想办法解决问题的，哪怕有现成的办法摆在他面前，他也难以接受，这就是一流员工与末流员工的根本区别。

工作中没有“不值得”的事情

李嘉诚说过：“世界上没有不值得的事情，一个用心工作的员工，我们应该发给他双倍的薪水。”一分辛勤，一分收获，用心去做事情自然会有回报，不用心去做事情，任何伟大的事业也会被践踏得不值一文，最后什么都得不到，这在任何时代都是一样的。

有这样一个佛家故事：

一个小和尚负责撞钟。照他的理解，每天撞一次钟，再简单不过了，每个人都会。因为觉得那是毫无意义，不值得做的琐事，他也就每天心不在焉地应付撞钟之事。可半年下来，方丈却宣布调他到后院劈柴挑水，原因是他难以胜任撞钟之职。小和尚不服气：“我撞的钟不准时、不响亮吗？”方丈语重心长地说：“你的钟撞得很响，但钟声空泛无力，因为你心中无‘钟’。钟声不仅是寺里作息的准绳，更重要的是要唤醒沉迷的芸芸众生，达到激浊扬清、普度众生的境界。为此，钟声不仅要响亮，而且要甜润、浑厚、深沉、悠远。心中无‘钟’，即胸中无佛。你不用心，不虔诚，怎能担当神圣的撞钟一职呢？”

在佛门中，“做一天和尚，撞一天钟”有着无比重要的意义。其实，每一件看似稀松平常的事，都有着深刻的内涵。世界上没有不值得做的事，即使再微不足道的事情当中也包含很多值得我们去体会感悟的东西。再微不足道的岗位也能干出不平凡的事业，变“不值得”为值得，甚至变成自己的兴趣。这也是一个成功的人跟一般者的区别。

一分辛勤，一分收获，用心去做事情自然会有回报，不用心去做事情，任何伟大的事业也会被践踏得不值一文，最后什么都得不到，这在任何时代都是一样的。在现在社会人们更应重视这种心态。

心理学家曾经总结出一条非常简单但又普遍适用的规律：不值得定律。对不值得定律最直观的表述就是：不值得做的事情，就不值得全身心投入。

不值得定律反映出人们的一种心理，即如果他做的是一件自认为不值得做的事情，往往会有冷嘲热讽、敷衍了事的态度。不仅成功率小，而且即使成功，也不会觉得有多大的成就感。不值得定律的存在，导致太多的人往往只关注有光环的大事情，只重视能够满足虚荣心的出人头地的“大事业”，而将本职工作中的许多具体事情归类为不值得做的小事情，即便这些小事情是通往成功大厦的必经之路。

工作中此类的“不值得定律”，从一般员工到高层管理者，比比皆是。很多人之所以平庸一生，就是认为很多事情都不值得做，做了没有个人回报，都是杂事琐事，这是普通人的认知，也是一部分人之所以消极怠工的原因，因此干工作越来越没有激情，自己也没有进步。其实工作中没有小事，只有不重要和不紧急的事。还有一部分的人，有能力，有见识，有魄力，他会去很好地权衡所要做的事情，对于企业发展，对于个人，有时还会对于社会，考虑到效益、回报及时间等各方面的因素，然后决定企业，自己或员工要不要去执行这项事情。

华人首富李嘉诚说过：“世界上没有不值得的事情，一个用心工作的员工，我们应该发给他双倍的薪水。”用心工作的员工是企业的真正财富，也是企业真正需要的。即使再简单不过的事情也有它值得我们去付出的东西，只有用心工作才是赢得一切的前提，没有这个前提，什么也别想得到。

做大事情的时间，由于心理作用，人们会认为这是一次“挑战”，一个“机会”，一种“荣誉”，面对困难与挫折毫不退缩，积极调动一切可以调动的资源，全身心地投入，因为他认为这是一件值得做的事情，区区一点辛苦算得了什么。但是，作为普通人，在大部分的时间里，很显然都在做一些小事。士兵每天做的工作就是队列训练、战术操练、巡逻排查、探试枪械等小事；饭店的服务员每天的工作就是对顾客微笑、回答顾客的提问、整理清扫房间、细心服务等小事；秘书每天所做的事可能就是接听电话、整理文件、绘制图表之类的小事。也许过于平淡，但这就是工作，是生活，是成就大事不可缺少的基础。只有全身心做好这些平凡小事，才能积累实力，提高成长和发展的潜能。

工作中没有“不值得”你做的事。即使是最普通最不起眼的工作，我们也不应该敷衍应付或轻视懈怠，相反，你应该付出全部热情和努力，多关注怎样把工作做到最好，全力以赴、尽职尽责地完成任务，养成良好的职业素养，这是你走入成功之门的必经之途。

不要让借口成为习惯

不让借口形成习惯从而左右你的工作，体现的是一种负责、敬业的职业精神，一种服从、诚实的态度，是为无数商界精英秉承的理念和价值观。任何借口的实质都是推卸责任，一旦养成找借口的习惯，你将对任何事情都畏首畏尾，对任何事情都满不在乎，因为你总觉得有借口做武器，你可以应付得了一切。

人们所谓的习惯是在不知不觉中养成的，是某种行为思想、态度在脑海深处逐步成型的一个漫长的过程。因其形成不易，所以一旦某种习惯形成了，就具有很强的惯性，很难改变。

我们生活中的“借口”也具有一样的效应，一旦养成了就容易形成习惯。如果在工作中以某种借口为自己的过错和应负的责任开脱，第一次你可能会沉浸在借口为自己带来的暂时的舒适和安全之中而不自知。但是，这种借口所带来的好处会让你第二次、第三次为自己去寻找借口，因为在你的思想里，你已经对这种寻找借口的行为习以为常。更不幸的是，你很可能就会形成一种寻找借口的习惯。这是一种十分可怕的消极的心理习惯，它会让你变得消极而最终一事无成。

常言道：“智者千虑，必有一失。”一个人再聪明、再能干，也总有失败犯错误的时候。通常人犯了错误往往有两种态度，一种是拒不认错，找借口辩解推脱；另一种是坦诚承认错误，勇于改正，并找到解决的途径。

曼凯斯是美国一家广告公司的公关部职员。在他幼年时，就深受老师和家庭教育的影响——立志将来一定要做一个勤勤恳恳的人。自从纽约州立大学毕业，直到进入这家公司，他发现有些员工做事总喜欢找借口，是公司的闲人，可是过不了多久，他们总会被扫地出门，纵然他们有非常优秀的业务素质。而那些不折不扣执行老板命令的员工，即使有时做得不够完美，却往往得到老板的重用。曼凯斯算不上一个精明的人，但做事总是勤勤恳恳，虽然老板分配给他的任务量有时很大，但他一直没有抱怨过什么。

就这样过了一段时间，有一次，老板分配给曼凯斯一个很重要的任务，曼凯斯立即就开始开展工作。他像往常一样尽自己的全力去做，但是在任务的完成过程中，他犯了一个小错误，任务完成得不是很好，他的心里忐忑不安。这时老板叫曼凯斯到他的办公室去，曼凯斯以为这次肯定要被老板大骂了，哪知道老板微笑着对他说："你知道吗？这个任务我曾找了三个员工去做，可是他们都说自己能力不行推脱掉了，其实我知道他们怕自己完成不了这个重要的任务受到我的斥责，只有你没有任何借口就去做，而且我一直发现你做很多事都从不找借口，年轻人要保持这个好的习惯呀，因为这是一个经理所需要的必要的业务素质之一呀！"

"什么……经理啊……？"曼凯斯感到异常的迷惑，

"也许你不知道，我跟董事会已经说了，推荐你当部门的经理，聘任书马上就下来，你可不要让我失望啊。"

当我们的行为成为一种习惯，将对我们的人生产生巨大的影响。或许生活中的某一个借口，将会成为我们人生中不好的转折。不让借口形成习惯、左右你的工作，体现的是一种负责、敬业的职业精神，一种服从、诚实的态度，是为无数商界精英秉承的理念和价值观。任何借口的实质都是推卸责任，一旦养成找借口的习惯，你将对任何事情都畏首畏尾，对任何事情都满不在乎。

其实每个人都有犯错误的时候，关键在于你认错的态度。其实只要你坦率地承认错误，并尽力去想办法补救，你仍然可以立于不败之地。有些人犯了错误，却不肯承认自己的错误，反而总是想着怎样为自己开脱、辩解，归根结底是人性的弱点在作怪，这是一种非常消极的态度。

我们很熟悉这样的对话：

不接受工作任务的员工对老板这样解释："我不做这件事情是有原因的。"

老板回应员工说："是的，如果你想给自己找借口的话。"

"不，这不是借口，而是理由。"这位员工急切地辩解道。

其实这是一个多么可笑的借口。再完美的借口也粉饰不了事实，再好的借口无非是对自己能力不足而开脱的辅助条件。

习惯决定命运，良好的性格习惯将决定优异品质，而好的品质的养成决定着我们人生的走向。当找借口的习惯形成的时候，也就是你的人生变质的时候。找借口的坏习惯会让你变得邋遢，办事拖拖拉拉，懒惰，逐步腐蚀你的优点。

加强学习，不找借口

借口改变不了结局，不求上进，你必然要被代替。在这个竞争异常激烈的年代，如果你没有危机意识，没有不断学习的习惯，是很难逃脱被淘汰的命运的。

在现实中，增强自身的能力是消灭借口的一个重要的手段，因为，只有加强了学习，不断地在生活中发现自己的缺点和不足，不断地改进自己，不断地学习新的知识，充实自己，才能让自己“跑起来”。有强大的内在实力，于是你碰到任何事情都有能解决的自信心，促使自己把事情做好。

吉米三年前在一家企业担任网络通讯设备工程总监，由于认为自己当上了总监了就不用再努力了，在“干杯”声中一晃三年就过去了。随着社会的发展，公司为了在市场的竞争中占有力的地位，不断地引进新的设备。而平时就不喜欢学习的吉米，一看到新设备就有了抵触的心理，总是找借口推来推去的，工程总是一拖再拖。因为他经常性地找借口拖延时间，使公司在市场上的信誉日渐下滑。公司老板对吉米也很不满。三年后的一天，他的一名下属——三年前学历比他低，能力比他弱，经验几乎为零，现在则刚好相反，学历比他高，能力比他强，经验也在数年的工作中获得了积累，并以惊人的工作效率和娴熟的专业操作技能，赢得了老板的认可。最终，这名员工将吉米取而代之。有人为此特地采访了这位以前是下属，现在为工程总监的年轻人。

采访者开门见山地问道："请问你如何在三年的时间内发生如此大的变化？"

这位年轻人回答："在刚开始的时候我对新的设备也一点都不了解，每次接触到这些新设备的时候，我老想回避，但后来觉得回避不能解决问题。于是，在这三年的时间里，我每天都抽出一些时间来进行学习。"

发展才是硬道理，发展自己是杜绝找借口的根本方法，而发展自己的最好方法也就是学习。所以不管你处在什么样的位置，什么岗位，你都应该不断地学习，不断深化自己的知识，提高自己的能力。当你在面对失败的时候更应该加强学习，不能给自己的失败找一个借口简单搪塞。因为这样并不能从根本上解决问题，当下一次碰到同样问题的时候，你也会为前一个借口再编造一个推卸责任的谎言。久而久之，这样的生活态度就会毁掉你的一生。

人生如逆水行舟，不进则退。借口改变不了结局，不求上进，你必然要被代替。在这个竞争异常激烈的年代，如果你没有危机意识，没有不断学习的习惯，是很难逃脱被淘汰的命运的。

有实力就有说服力，实力是你自信的根源，因为实力能使你变得信心百倍，干什么总是充满了激情。不会因为那些完成不了的事情，而找各种看似心安理得的借口。而这种实力则来自你平时的学习和积累。也就是这点点滴滴的积累成就一个伟大的事业，也改变了很多人的命运。

奥利勒是堪斯亚建筑工程公司的经理助理，当他刚开始进入公司的时候，对于建筑业事务他基本上不怎么了解。也因此由于业务上经常失误遭到公司经理的责备。但是，他总是很诚恳地接受经理的训导，虚心听取了经理的意见，从来都不为自己所犯的错误而找借口来推脱责任。并能在下一段的时间里及时补过改正错误。这个不会找借口的年轻人久而久之也引起了公司老板的注意。

由于奥利勒平时的努力，使得自己的能力不断获得提升。不久，奥利勒被公司老板提升为工程部的经理。

在一次的工程事故中，很多其他的部门经理看到事故的巨大影响，都相继推掉自己的责任，辞掉工作走人。但奥利勒并没有跟其他的经理一样，在危机中随便找个借口脱身走人。他坦诚地向公司的领导层汇报事故的情况，并称自己作为工程的管理者应该对此承担责任，他深刻地检讨自己的不足，等待着公司高层的处罚。

在后来的事故调查中，奥利勒认识到一个员工的操作技能对于工程安全的重要性，作为工程的领队，在事故面前找任何借口已经不起任何的作用了，这样并不能消除事故的巨大影响。惟有通过不断的学习，掌握技能，才能彻底地解决安全事故问题。

奥利勒通过工作以外的业余时间不间断地学习关于建筑设备操作安全的知识，并把自己所学到的东西运用到实际的工作中。

在奥利勒的带领下，他所在的建筑公司在连续多年生产中再也没有出现一例安全事故，奥利勒也因此被公司评为“安全管家”，并得到老板的赞扬。

工作中，当我们面对困难的时候，找一个借口搪塞一下或许能给我们带来短暂的安慰，但你会发现这样并不能使我们心安理得。在面对失败的时候我们只有勇敢地面对，不去找任何借口，认真地学习，弥补自己的不足，这样才能使自己的能力得到更大的提高。

不找借口，坚决执行

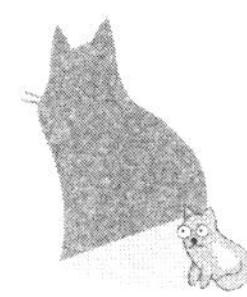

作为员工，应该无条件地服从公司的安排，无论遇到什么困难，绝不找任何借口推托或搪塞，这是取得成就的前提和基础。记住：不找借口，服从并执行的员工才是最优秀的员工。

执行力是企业核心竞争力的最有力的保障。不管工作在什么领域、什么岗位，都视自己的工作为使命，这样可以极大地调动人的积极性，同时还可以增强对所在企业的责任感。

一个人的行为取向能反映出他的内心世界赋予自我的使命，一个公司的发展成功与否最主要在于公司员工的执行能力。

迈克尔·戴尔公司在个人电脑销售方面是公认的老大。其企业成功的秘诀何在？答案就在于公司有着超强的执行力，看看下面这个故事吧。

一次，有一个家住S市的一个比较偏僻的胡同的年轻人想买一台戴尔公司的电脑。他通过一张报纸了解到，戴尔公司对该市可提供上门送货服务，而且比较快。他想试试戴尔公司的服务速度和服务质量。

于是，他随意给戴尔公司打了个电话，然后坐在家里与朋友打麻将。约莫一个小时后，家中门铃响了。他拿起话筒，对方称是戴尔公司上门服务的销售员。

他本想马上接待这位上门服务的人员。但早就听说戴尔公司的员工服务态度都相当好，他想试一试，于是他态度生硬地说："没看到我们正在玩麻将吗？半个小时后，我再接待你。"说完，"砰"的一声，将门关紧了。

销售员当即说了一声"对不起"之后，转身走了。他以为这位销售员肯定不会再来的。哪知半个小时之后，门铃响了。这个销售员又来了，一进门就说："对不起，刚才不知您没空接待！"

这会儿销售员不仅没有发怒，而且进门就赔礼道歉，年轻人不由有些感动，于是感叹道："都说戴尔公司服务质量和服务态度好，想不到还真是如此！"

"是的，我们公司崇尚的是在每一个环节和每一个阶段都一丝不苟，决不能出现伤害顾客的现象。执行公司的工作使命大于天。不管碰到什么困难，只要能完成公司的任务，我们都会去尝试。"

一个公司的执行能力决定着这个公司的职场竞争力，员工的执行能力决定着公司的办事效率，而效率就是企业的生命力。现在这种社会我们不仅需要能说会道的策划人员，更需要有着许许多多勤勤恳恳的执行者来完成任务，推动使命的顺利进行，也就是说到不如做到的原因。在职场中奋斗的人都会明白，千里之行，始于足下，都知道坚持不懈、永恒进取的魅力，可是真正能做到并落实到行动上的人却很少。

古时候，在四川的偏远山区住着两个和尚，其中一个非常贫穷，一个比较富裕。有一天，穷和尚对富和尚说："我想到南海去，您看怎么样？"富和尚说："你凭借什么去呢？"穷和尚答说："我只需要一个水瓶、一个饭钵就足够了。"富和尚说："我多年来就想租条船沿着长江而下，可到现在还没做到呢，你凭什么去呢？"

第二年，穷和尚从南海归来，把去南海的事情告诉了富和尚，富和尚深感惭愧。

上面是我们小时候都学过的一则寓言故事，但说明了一个非常简单的道理：说一尺不如行一寸。一切美好的愿望都需要我们去执行，没有果敢的行动，那么，再美好的梦想都只能化作泡影。

我们正处在一个讲究效率的时代，在瞬息万变的现代社会中，存在着很多不确定因素，稍有迟疑，就可能使原来非常杰出的构思，在片刻之间变得一文不值。因此，今天所想的好主意最好今天就实行。因此，如何改变这种只重“知道”、不重“做到”的“知道文化”，如何前进一步，从“知道”变为“做到”，便成了摆在我们面前的大问题。每一个希望从平凡走向卓越的个人、企业和其他组织都应该不仅要“知道”，而且更应该要“做到”。

曾有企业家这样问杰克·韦尔奇：“我们大家知道的都差不多，但为什么我们与你们的差距那么大？”

杰克·韦尔奇的回答是：“你们知道了，但是我们做到了。”

这个答案简单得出人意料，但是却道出了差距的真谛：知道更要做到！否则，再好的计划，再宏伟的目标，都是空谈。

“知道”固然重要，但如果仅仅停留在知道上，再好的理念、再好的原则、再好的诀窍、再高的智能，也只是一些毫无意义的资料，最重要、最关键的是“做到”。

有时虽然我们把自己的使命用文字写下来，对于我们把注意力集中在特定事业上大有裨益，但是付诸行动却可以让人觉得自己的使命更清晰、更为具体。战胜挑战、完成使命的经历，可以使人的个性特长得到进一步加强。

想办法就会有办法

只为成功找方法，不为失败找借口，任何没有办法的事情，只要想办法就有办法。

当莱特兄弟在经营自行车行的同时，也动手研制能在天空中飞行的飞机，人们都说“不可能”。但经过不懈的努力，飞机终于上天了，并且很快成了时速最快的运输工具。莱特兄弟把“不可能”变成了“可能”。

当全世界都认定中国是贫油国，地下找不到石油时，李四光带领他的地质勘探队，找到了一个又一个蕴藏丰富的油田，把“不可能”变成了“可能”。

当人们对联想收购IBM个人电脑持观望、怀疑的态度时，杨元庆和同事们以“蛇”吞“象”的大无畏的气魄给了观望者一个肯定的答案，把“不可能”变成了“可能”。

事实上，很多事情看似不可能，但只要你换一种方式去做，并突破固定思维的束缚，很多“不可能”都会变成“可能”。

1921年6月2日，《纽约时报》为纪念电报诞生25周年，发表了一篇评论。评论中透露了这样一个信息：现在人们每年接收的信息是25年前的20倍。在大多数读者眼里，这是一句普通的话，普通得甚至很多人读后就忘记了。但是，在一些喜欢思考而且眼光独特的人眼里，这却是一条极具商业价值的信息，美国至少有20位人士立即对这一信息做出了迅速的反应，即准备创办一份文摘性刊物。他们在不到2个月的时间内，都到银行存了1000美元作为资本金，并办好了营业执照。

然而，当他们到邮政部门办理相关发行手续时，邮政部门告诉他们，由于很快就要进行中期选举，此类刊物的征订和发行暂时不能办理，开禁时间也不知道到什么时候。总之，在这种情况下办这样的一份刊物是不可能的，因为大环境不理想。

听到这个消息后，有19个人认为局势对创业不利，于是他们很快就递出了暂缓执行的申请。但是，一个名叫德威特·华莱士的年轻人却没有理会这一套，也没有把别人那句“不可能”的话放在心上。他认为，“不利因素”也可能转化为商机，这不，邮政人员一句话，就为他“消灭”了19个竞争者。

华莱士回到他租住的纽约格林威治村的一个储藏室，在未婚妻的帮助下，他们一共糊了2000个信封，并装上征订单寄了出去。就这样，《读者文摘》诞生了，而且很快创造了奇迹。到了20世纪末，《读者文摘》已拥有19种文字和多个版本，畅销127个国家和地区，用户1.1亿，年收入5亿美元。几十年以来，在美国期刊排行榜中，《读者文摘》一直牢牢坐在第一把交椅上。《读者文摘》取得的成绩，证明了华莱士已把人们认为的“不可能”变成了“可能”。

在工作中，假如我们也能像华莱士那样，遇到困难时就换一种思维，换一个角度去看问题，这样就能发现事物有利的一面。如果华莱士也像其他人一样认为“这是不可能”的，那么，现在美国期刊排行榜上，就不一定有《读者文摘》的名字，而华莱士也不可能成为著名的企业家和慈善家。

华莱士成功的经历告诉我们：成功者绝不会等到时机成熟、万无一失时再开始工作，只有那些在既定的环境中能从“不可能”中看到希望，并自动自发地去把事情做到极致的人，才有可能获得成功。

我们平时喜欢讲一句话：“眉头一皱，计上心来。”其实，这往往是在特定时期，特定人物的状况。要有好的点子和想法，应当付出更多的努力。

洛克菲勒曾经一再地告诫他的职员：“请你们不要忘了思索，就像不要忘了吃饭一样。”

比尔·盖茨说过：“通往最高管理层的最迅捷的途径，是主动承担别人不愿做的事，并在其中展示你出众的创造力和解决问题的能力。”

所以只要努力去找，解决困难的方法总是有的，同时也只有努力地去找方法解决困难，你才有可能成功，也才会有意想不到的惊喜。

10多年前，汤姆在一家建筑材料公司当业务员。当时公司最大的问题是如何讨账。产品不错，销路也不错，但产品销出去后，总是无法及时收到回款。

有一位客户，买了公司10万美元的产品，但总是以各种理由迟迟不肯付款，公司派了三批人去讨账，都没能拿到货款。当时汤姆刚到公司上班不久，就和另外一位叫迈克的员工一起被派去讨账。他们软磨硬泡，想尽了办法。最后，客户终于同意给钱，叫他们过两天来拿。两天后他们赶去，对方给了一张10万美元的现金支票。

他们高高兴兴地拿着支票到银行取钱，结果却被告知账上只有99900美元。很明显：对方又耍了个花招，他们给的是一张无法兑现的支票。第二天就要过圣诞节了，如果不及时拿到钱，不知又要拖延多久。

遇到这种情况，一般人可能一筹莫展了。但是汤姆突然灵机一动，拿出100美元，让同去的迈克存到客户公司的账户里去。这样一来，账户里就有了10万美元。汤姆立即将支票兑了现。

当汤姆带着这10万美元回到公司时，董事长对他大加赞赏。之后，他在公司不断发展，5年之后当上了公司的副总经理，后来又当上了总经理。

遇到问题，解决问题，没有办法，思考办法，寻找办法。这是成功者应该具有的品质，也是我们应该效仿的学习精神。

职场，不相信借口

当你面对工作上的困难的时候，请不要随便找一个借口搪塞。请永远记住：职场不相信借口！要做一个真正优秀的员工，要为公司真正贡献出自己的力量，就必须接受一个现实：这个世界最终有作用的是你做事的结果。

“不管白猫黑猫，抓到老鼠的就是好猫。”无论人们怎样去评价历史人物，他们闪烁着智慧卓识的话语却永远不可磨灭。这句话揭示了我们所处的经济社会的实质，市场如此，职场上更是如此。

德国安联公司是德国的保险业巨头，也是世界上最大的综合性保险公司之一。安联总裁经常对他的助手们说的一句话是：“永远只用你们的保险业绩单来谈问题。”无论哪一家优秀的公司，在评定员工、测定公司业绩时，它所依据的都是实实在在的结果，任何没有业绩的人只能离开公司。

任何一个公司的崛起和员工个人的成功都是由一砖一瓦的事实结果组成的，从来没有人能够靠臆想去获得丝毫的收获。不错，整个世界是一个过程，任何活动都是一个过程，但最终目的却是结果。工作过程只有达到了它应该实现的结果才能够真正有效。在公司中，任何行动如果不能用事实结果说话，它对整个公司来说并没有多少价值。没有结果而寻求借口的过程不过是浪费时间，只有真正得出结果才能为个人和公司创造价值。在团队中工作，不用太多的解释，主管与公司看重的正是做到的一切，而不是你做错后的喋喋不休。职场的竞争是无情而激烈的，在这世界里，你需要的是拿出你的结果，拿出你的成绩。要么做到，要么出局，这就是高效社会、高效公司的要求。

麦克是公司里的一位老员工了，以前专门负责跑业务，深得上司的器重。只是有一次，他手里的一笔业务让别人捷足先登抢走了，造成了一定的损失。事后，他很合情合理地解释了失去这笔业务的原因。那是因为他的腿伤发作，比竞争对手迟到半个钟头。以后，每当公司要他出去联系有点棘手的业务时，他总是以他的脚不行，不能胜任这项工作作为借口而推诿。

麦克的一只脚有点轻微的跛，那是一次出差途中出了车祸引起的，留下了一点后遗症，根本不影响他的形象，也不影响他的工作。如果不仔细看，是看不出来的。

第一次，上司比较理解他，原谅了他。麦克好不得意，他知道这是一宗费力不讨好比较难办的业务，他庆幸自己的明智，如果没办好，那多丢面子啊。但如果有比较好揽的业务时，他又跑到上司面前，说脚不行，要求在业务方面有所照顾。如此种种，他大部分的时间和精力都花在如何寻找更合理的借口身上。碰到难办的业务能推就推，好办的差事能争就争。时间一长，他的业务成绩直线下滑，没有完成任务他就怪他的腿不争气。总之，他现在已习惯因脚的问题在公司里可以迟到，可以早退，甚至工作餐时，他还可以喝酒，因为可以让他的腿舒服些。

每个老板都是精明的，有谁愿意要这样一个时时刻刻找借口的员工呢？麦克也快被公司给开除了。

在职场上找借口或许可以给你带来短暂的快乐，但最终受到这种毛病伤害的还是你自己。刚开始的时候会感到一丝丝的自责。可是，重复的次数一多，也就变得无所谓了，原本有点良知的心变得越来越麻木不仁。也许，借口所说的原因，正是自己不能成功的真正原因吧。

职场只相信结果，警惕给自己软弱的理由。实际上，这个世界充满了太多失败和不努力而寻找的借口，“过程是最重要的”“只要出发点是好的”……这些似乎满是真理，而且很多人还被它们所蒙蔽，似乎在这些话语中找到了真理，找到了安慰，然而他们忘了一个最重要的事实，即我们的世界由事实组成，任何的说法都只不过是软弱的人为了安慰自己而对自我和世界的虚构。

当你面对工作上的困难的时候，请不要随便找一个借口搪塞。请永远记住：职场不相信借口！要做一个真正优秀的员工，要为公司真正贡献出自己的力量，就必须接受一个现实：这个世界最终有作用的是你做事的结果。

第五章　忠诚敬业：让领导更放心，让自己更优秀

忠诚敬业是我们的使命所在，也是人类最重要的美德之一，是生命的润滑剂，是我们取得事业成功的前提条件。忠诚和敬业并不仅仅是有益于企业，最大的受益者是我们自己，当我们将敬业变成一种习惯时，就能从中学到更多的知识，积累更多的经验，我们便能从全身心投入工作的过程中找到快乐。

在职场上，只有才华，没有责任心，缺乏敬业精神的人，一如你遗弃企业一样，企业也终将把你遗弃。

敬业是一种态度

常言道："态度决定一切。"你的工作态度往往决定着你的工作的质量和工作的完成程度。敬业就是一种基本的工作态度，拥有这种态度的人他会勤勤恳恳地把自己的本职工作做好，即使是在平凡的工作岗位中也能创造出奇迹。

敬业是一种人生态度，是珍惜工作、珍视未来的表现。如果在你的工作中没有了职责和敬业，你的生活就会变得毫无意义。所以，不管你从事什么样的工作，平凡的也好，令人羡慕的也好，都应该有一种尽职尽责，不断进步的精神，这也就是敬业精神。

当把敬业当成一种态度的时候，虽然不能马上带来可观的好处，但可以肯定的是，如果你养成了一种"不敬业"的不良习惯，你的成就便会相当有限了。

你的那种散漫、马虎、不负责任的做事态度已深入你的意识与潜意识，做任何事都会"随使做一做"，结果可想而知。那些追逐名利的人，由于斤斤计较，往往会工作走形，做不好工作；而只有把忠诚敬业当成自己人生态度的人才有可能达到工作的顶点。如果一个人没有正确的工作观，必然对工作不认真负责，工作松懈，得过且过，敷衍了事，不求进取，怨天尤人，对报酬斤斤计较，因此这种人很难在事业上有所成就。

一位利用假期到东京帝国饭店打工的女大学生，在这个五星级饭店里所分配到的工作是洗厕所。

当她第一天将手伸进马桶刷洗时，差点当场呕吐。勉强撑过几日后，实在难以为继，决定辞职。但就在此关键时刻，大学生发现，和她一起工作的一位老清洁工，居然在清洗工作完成后，从马桶里舀了一杯水喝下去。大学生看得目瞪口呆，但老清洁工却自豪地表示，经他清理过的马桶，是干净得连里面的水都可以喝下去的。

这个举动给这位大学生很大的启发，令她了解到所谓的敬业精神，就是任何工作，不论性质如何，都有理想、境界与更高的质量可以追寻；而工作的意义和价值，不在其高低贵贱如何，却在于从事工作的人，能否把重点放在工作本身，去做出更加精益求精的业绩。

此后，再进入厕所时，大学生不再引以为苦，却视为自我磨炼与提升的场所，每次清洗完马桶，也总是扪心自问："我可以从这里面舀一杯水喝下去吗？"假期结束，当经理验收考核成果时，女大学生在所有人面前，从她清洗过的马桶里舀了一杯水喝下去！

这个举动同样震惊了在场所有人，尤其让总经理认为她是绝对必须招揽的人才。毕业后，大学生果然顺利地进入帝国饭店工作。而凭着这简直匪夷所思的敬业精神，37岁以前，她是日本帝国饭店最出色的员工和晋升最快的人。

37岁以后，她步入政坛，最终在大选中成为日本内阁邮政大臣。这位女大学生的名字叫野田圣子。

野田圣子的成功在于她正确的生活态度和工作态度，把敬业的理念诠释得非常的完美。每一个成功的人都是一个敬业的人，这些人都有让人感慨的敬业态度。

常言道："态度决定一切。"你的工作态度往往决定着你的工作质量和工作完成程度。敬业就是一种基本的工作态度，拥有这种态度的人会勤勤恳恳地把自己的本职工作做好，即使是在平凡的工作岗位中也能创造出奇迹。

一次，一家公司的营销部经理率领他的团队去外地参加国际产品展示会。在开展之前，有许多事情需要加班加点地做，诸如展位设计和布工、产品组装、资料整理和分装等。可营销部经理率领的团队中的大多数人，却和往常在公司时一样，不肯多干一分钟，一到下班时间，就跑回宾馆去了，或者逛大街去了。经理要求他们干活，他们竟然说："又不给加班工资，干什么活啊。"更有甚者还说："你也是打工仔，只不过职位比我们高点而已，何必那么拼命呢？"

在开展的前一天晚上，公司老板亲自来到会场，检查会场的进展情况。

到达会场，已经是凌晨1点，让老板感动的是：营销部经理和一个叫周健的维修工正趴在地上，认真地擦着装修时粘在地板上的涂料，两个人都浑身是汗。而让老板惊讶的是，没有看见其他的人。见到老板，营销部经理站起来对老板说："我失职了，没有能够让所有的人都留下来工作。"老板拍拍他的肩膀，没有责备他，而指着周健问："他是在你的要求下才留下来工作的吗？"

经理简单地把情况介绍了一遍。这个工人是主动留下来工作的，在他留下来时，其他工人都嘲笑他是傻瓜："老板不在这里，你累死老板也不会看到啊！还不如回宾馆好好地睡上一觉！"老板听完叙述，没有做任何表示，只是招呼他的秘书和其他几名随行人员一同参加工作。

参展结束后，回到公司，老板就辞退了那天晚上没有参加劳动的所有工人和工作人员，同时，将与营销部经理一同工作的周健提拔为安装分厂的厂长。

那些被开除的人都满腹牢骚地来找人事部经理理论："我们只不过多睡了几个小时的觉，凭什么就辞退我们？而周健不过是多干了几个小时的活，凭什么当厂长？"

人事部经理对他们说："用前途去换取几个小时的觉，这是你们自己的行为，没有人会强迫你们那么做，怨不得谁。而且，我还可以根据这件事情推断，你们在日常的工作中偷了很多懒，这是对公司极端的不负责任。周健虽然只是多干了几个小时的活，但据我们调查，他一直都是一个一心为公司着想的人，在平日里默默地奉献了，他这种敬业的工作态度正是我们厂里所要的，应该得到提拔。"

一个员工的工作态度决定着一个员工以后的前途，甚至自己的命运。把公司的事当成自己的事是一种最基本的职业要求，也是最基本的敬业态度。它要求每一个员工对自己工作中出现的问题不回避，不推诿，自觉主动地解决它。

奥尼尔是一位颇有才华的年轻人，但是对待工作总是显得漫不经心。他的教授曾经就此问题和他交流过。他的回答是："这又不是我的公司，我没有必要为老板拼命。如果是我自己的公司，我相信自己会像老板一样夜以继日地工作，甚至会比他做得更好。"

一年以后，他写信告诉教授自己离开了原来的工作，自己独立创业，开办了一家事务所。

"我会用心地做好它，因为它是我自己的。"在信中的末尾他这样写道。

教授回信对他表示祝贺，同时也提醒他注意，对未来可能遭遇的挫折一定要有足够的思想准备。

半年以后，教授又收到奥尼尔的消息，他告诉教授，自己一个月前关闭了公司，重新去为别人工作，因为“太麻烦，太复杂，根本不适合自己的个性”。

这种结果在教授意料之中。一个人在做雇员时缺乏敬业的精神，这种习气必将影响到他今后的发展，无论他做何种行业，这种态度决不会轻易被改变。

因此，“以后如果自己当老板，我会更努力”的论调只是自欺欺人，是为自己现在的卑微和懒惰找借口罢了。不管在什么岗位，你都应该认真地领悟你所选择的工作。每天以务实的态度，快乐的心情做好每一件事，持之以恒，你的行为将会使你的工作成效异常显著，而且将赋予你生活的意义，让自己的生命焕发光彩。

敬业是一种人生态度，是最基本的做人之道，也是成就事业的首要条件。无论你从事什么工作，请记住，敬业不仅仅是为了工作或者别人，更是为了你自己。

敬业，责任的延伸

一流的员工懂得用敬业诠释责任，把职业当成自己的事业一样看待，用责任去呵护，使自己成功。而末流的员工则不懂得敬业的真谛，在工作岗位上虚度年华，最后使自己一事无成。

敬业是责任精神的体现。一个有敬业精神的人，才会真正地为企业的发展做贡献，自己也才能从工作中获得乐趣，这样的员工是真正有责任感的员工。敬业是对责任的一种升华，是员工的一种主动精神，这不仅要求员工要完成自己的工作，而且要以一种高度负责的精神来完成自己的工作。

最大限度的敬业是尽职尽责地履行自己的天职，像这样的人必能获得老板的赞许。

克里是一家大型滑雪娱乐公司的普通修理工，一天晚上他值班，深夜巡查时看见一台造雪机喷出的全是水，而不是雪。他知道这是造雪机的水量控制开关和水泵水压开关不协调所致。他急忙跑到水泵坑边，用手电筒照着检查，发现坑里的水快漫到了动力电源的开关口，若不赶快阻止水继续漫溢，将会发生动力电缆短路，这种情况将会给公司带来重大损失，甚至伤及人的性命。他来不及多想，不顾个人安危，跳入水泵坑中，摸索着控制住了水泵阀门，防止了水的漫溢，然后顾不得换下水淋淋的衣服，又找来工具把坑里的水排尽，重新启动造雪机开始造雪。

当同事赶来帮忙时，一切都已经处理妥当，他也连冻加累，浑身颤抖得走不动路了。公司总裁闻讯，下令连夜把他送到医院诊疗，他才没有落下什么身体上的伤残。

事后，他受到了公司的表扬和嘉奖，当部门经理的职位出现空缺时，他便被晋升为部门经理。

用生命去负责，是敬业的最高境界。当一个人用生命去负责，一切都将会发生改变。他会变得无所畏惧，再大的困难也决不退缩；他会冷静思考问题，寻找解决问题的方法；他会追求完美，将工作完成得无可挑剔。

然而在现实生活中并不是每个人都能清楚地意识到自己身上的责任，并不是每一个员工都像我们想象的那样优秀和完美，无论他们饰演什么角色，都意识不到自己的责任，对待工作虎头蛇尾，既不尽职也不尽责。这种人最后总是会被自己的不敬业行为所害。

在日本一家百货公司，有一位女顾客从这里买了一台“索尼”牌唱机。事后，售货员清理商品发现，原来是错将一个空心唱机货样卖给了那位美国女顾客。于是，立即向公司警卫做了报告，警卫四处寻找那位女顾客，但不见踪影。经理接到报告后，觉得事关顾客利益和公司信誉，非同小可，马上召集有关人员研究。经调查得知那位女顾客叫基泰丝，是一位美国记者，当时还留下了一张“美国快递公司”的名片。据此仅有的线索，公司公关部连夜开始了一连串大海捞针式的搜索。先是打电话，向东京各大旅馆查询，毫无结果。后来又打国际长途，向纽约的“美国快递公司”总部查询。深夜接到回话，得知基泰丝父母在美国的电话号码。接着，又给美国挂国际长途，找到了基泰丝的父母，进而打听到基泰丝在东京的住址和电话号码。几个人忙了一夜，总共打了35

个紧急电话。

第二天一早，百货公司给基泰丝打了道歉电话。十分钟后，公司的副经理和提着大皮箱的公关人员，乘着一辆小轿车赶到基泰丝的住处。两人进了客厅，见到基泰丝就深深鞠躬，表示歉意。除了送来一台新的合格的“索尼”唱机外，又赠送著名唱片一张，蛋糕一盒和毛巾一套。接着副经理打开记事簿，宣读了怎样通宵达旦查询基泰丝住址及电话号码，及时纠正这一失误的全部记录。这时，基泰丝深受感动，坦率地陈述了买这台唱机是准备作为见面礼，送给东京外婆家。回到住所后，她打开唱机试用时发现，唱机根本不能用。当时，她火冒三丈觉得自己上当受骗了，立即写了一篇题为《笑脸背后的真面目》的批评稿，并准备第二天一早就到百货公司兴师问罪。没想到公司纠正失误如同救火，为了一台唱机，花费了这么多的精力。这些做法，使基泰丝深为敬佩，她马上撕掉了批评稿，重写了一篇题为《35次紧急电话》的特写稿。《35次紧急电话》稿件见报后，反响强烈，百货公司因一心为顾客着想而名声大振，门庭若市。后来，这个故事被美国公共关系协会推荐为世界性公共关系的典范案例。

工作就意味着责任。在这个世界上，没有不需承担责任的工作，相反，你的职位越高，权力越大，你肩负的责任越重。不要害怕承担责任，要下定决心，你一定可以承担任何正常职业生涯中的责任，你一定会比别人完成得更出色。一个敬业的人，也是一个有责任心的人，一个有职业道德的人。

在某家大医院里，一位年轻的护士首次担任手术室的责任护士，在即将缝合伤口时，她对外科大夫说：“您只取出了11块纱布，但我们一共用了12块。”外科大夫非常肯定地说：“我已经全部取出来了，我们马上开始缝合伤口。”

“不能这样。”年轻护士急忙阻止说，“我们用了12块。”

大夫很严厉地说：“我会负责任的，缝合！”

此时，这位护士激烈地抗议道：“你不能这么做，我们要对病人负责！”

听到护士这么说，大夫微微一笑，举起自己的手，让她看了看第12块纱布，接着称赞道：“你是一位合格的护士。”很明显，他是在考验这位护士是否敬业和有责任感。

敬业的最佳代言人就是给加西亚将军送信的安德鲁·罗文中尉。这个被授予勇士勋章的中尉，他最宝贵的财富并不是他卓越的军事才能，而是他优秀的个人品质。罗文在接到总统交给他的送信任务时，是怀着一种对国家的忠诚和无私的敬业精神，无条件地立即执行，并克服了常人难以克服的种种困难，将个人的生死置之度外，战胜了艰难险阻，终于在预定的时间内完成了送信任务。

这种高度的责任感和无私的敬业精神，像一把火炬照亮了人们前进的方向，提升了人生的价值。

一流的员工懂得用敬业诠释责任，把职业当成自己的事业一样看待，用责任去呵护，使自己成功。而末流的员工则不懂得敬业的真谛，在工作岗位上虚度年华，最后使自己一事无成。

把敬业当成习惯

宋朝朱熹说："致志以事其业。"即用一种恭敬严肃的态度对待自己的工作，认真负责，一心一意，任劳任怨，精益求精。当你把敬业当成一种习惯时，那么再平凡的岗位也会变成你成功的舞台。

一个人不管做什么事都要敬业，做大事如此，做小事也是如此；一个人不管为谁工作都要敬业，为自己工作如此，为他人工作也是如此，把敬业当成一种习惯。

有些人认为，伟大的工作自然能够激发一个人的敬业精神，但是，如果让你几十年如一日地从事一些极其普通的工作，怎么可能做到一直敬业呢？敬业是积极向上的人生态度，当我们把这种态度养成一种习惯时，你离成功也就不远了。

李素丽是一名普通的公交乘务员，但是，她非常敬业，把敬业当成自己生活的习惯。在平凡的岗位上作出了不平凡的业绩。

海尔总裁张瑞敏先生说过一句话："把敬业当成一种习惯，把每一件简单的事情做好就是不简单，把每一件平凡的事情做好就是不平凡。"这真是一句至理名言。

不要把一些工作上的小事当成"不值得"做的事，我们应该把敬业当成一种工作的习惯，不去在乎事情的大小。在任何平凡的职业中，在任何低微的岗位上，都会蕴藏着巨大的机会，这种机会等待着你去发现。只要你勤勤恳恳地把平凡的工作做得比别人更迅速、更正确、更专注、更完美，调动起自己全部的智慧，全力以赴，就能及时地发现机遇，抓住机遇，直到推开通往成功的大门。

阿基勃特刚进入美国标准石油公司时，只是一个普通的小职员，根本没有引起其他人的注意。但是不久，这个普通的小职员却因为强烈的敬业精神而受到了许多人的注意。

阿基勃特进入公司后，就时刻把自己当成公司的一员，他并没有因为自己只是小职员而不注重公司的声誉。他那强烈的敬业精神通过一个小小的举动就表现得淋漓尽致。

不管走到哪里，在需要自己签名的任何地方，阿基勃特都会在签名的下方写上“每桶四美元的标准石油”字样。外出住旅馆的时候是如此，给亲友写信时是如此，甚至在给他人打收条的时候也是如此。为此，同事们亲切地称他为“每桶四美元”。因为阿基勃特的敬业精神，公司老总特意嘉奖并把他提升为销售经理。

当被问到自己的成功时，阿基勃特只是这样回答：“我只把工作当成自己的习惯性的爱好来做而已。”

可想而知当敬业成为一种员工的生活习惯时，这种习惯将会促使你追求工作中的每个细节，把任何微不足道的事都当成大事来干，在工作中也使自己得到提升，完善自己。

初入公司，学历最低的宋佳被安排去做前台接待。职责是接听电话，做个来客登记。

但宋佳毫无怨言，用她的话说：“前途不是选出来的，而是做出来的。”因为她平时对生活中的每件事情总是很严格，也养成了做事不易满足的习惯。上班第一天，她就换掉了那本破破烂烂的登记簿，扯下了脏兮兮的部门电话联系表，取而代之的是16开的大本，封面是自己打印的公司简介，至于联系电话，她连续几个晚上熬到十一点也就熟记在心了。

一次，几个美国客户来洽谈合作，宋佳安排他们在大厅稍等。客户们坐在一起，谈到对这个新合作伙伴的业绩不太了解，宋佳主动走上前去很有礼貌地用英语说："如果可以的话，占用各位一点时间，我可以简单介绍一下。"在众人惊讶的目光中，宋佳把公司近几年的销售业绩、市场份额、运行情况说得有条有理。

等到销售经理来迎接的时候，客户们赞不绝口："你们公司了不得，一个普通员工对自己公司的业绩都能脱口而出，这需要多么强烈的责任心和自豪感啊。我们对这样的企业很有信心。"事后，经理问宋佳是怎么记住那一长串数字的，宋佳回答："通过公司年会和每次的例会，我把各个部门的情况做了详细的记录。"经理不由得对她刮目相看。

很快，这个热情而细心的前台成了公司一道亮丽的风景。比如：为了保证电话铃响三声就接通，宋佳从来不带杯子到公司，尽可能减少上厕所的次数。大家说公司不是上甘岭，而宋佳相信，每一个电话都可能是一个潜在的客户，也许上百万的生意就开始于一次及时而热情的接听。

功夫不负有心人，一年之后，优秀员工的称号和额外奖金第一次落在了宋佳这个"最傻"的前台接待员头上。

很多员工在刚开始到公司打工的时候，心里想的是：自己所做的一切都是在为老板挣钱，对自己没有什么好处，为什么要那么敬业，连小事都那样较劲？实际上，这种想法是错误的。敬业应该是一种人生态度，是一种工作习惯。不管你是为谁工作，为老板，或者是为自己，你都会在工作中学到许多东西，尤其是从那些敬业工作的人那里。

把敬业变成习惯，你就会逐渐改掉那种散漫、马虎、不负责任的做事态度，做任何事都不会有“随便做一做”的想法。

浙商天生就具有敬业的精神，他们做任何工作都会废寝忘食。那些从小生意开始做起的浙商如此，做成大公司的浙商更是如此。因为他们明白，不努力工作，自己就会被工作所抛弃。

正如李嘉诚所说：“我在创业初期，几乎百分之百不靠运气，而是靠工作、靠辛苦、靠工作能力赚钱。你必须对你的工作、事业有兴趣，把敬业当成一种习惯性的东西，更要全身心地投入工作。”

在现实生活中，要真正做到敬业，却不是一件容易的事，把勤恳的敬业精神变成一种习惯的生活方式来对待的人更是少之甚少。

每个人都希望自己是做大事的人，而不是做小事的人。但是，一屋不扫，何以扫天下？要成功就必须具备成功者的素质，而把敬业当成习惯是一个成功者必备的素质，这也是现实生活中我们所要学习的东西。

把工作当成自己的事业来做

世界上最伟大的推销员乔·吉拉德曾经也说过："如果一个人能够把工作当成事业来做，那么他就成功了一半。"

德国思想家马克思·韦伯认为，有的人之所以愿意为工作献身，是因为他们有了一种"天职感"，他们相信自己所从事的工作是神圣事业的一部分，即使是再平凡的工作，也会从中获得某种人生价值。

那些富有事业感的人，他们通过工作所获得的，不仅是物质、荣誉等外在的报酬，更重要的是他们获得了内心的满足感和自我价值的实现。他们在工作中努力追求一个完美的境界，发现自己生存的意义。

工作，平凡的人只是按部就班地"做一天和尚撞一天钟"，而一旦这一角色附加了"自我意识与追求"，把它当成自己的事业，就会从疲于奔命到确立清晰的工作管理目标，从对收入报酬斤斤计较到全身心地投入工作，充分享受工作过程以及随之而来的工作成就感。把工作与事业联系，从实际效益来说，也是职场愿景与效率产生质的变化的最有效载体。其实，在这场看似超负荷、不对等的付出中，最大的赢家就是我们自己。也许这样一道风景对你我都不陌生，手捧着"成功秘诀"或"职场攻略"，却依旧重蹈着"提前半小时遐想下班后的精彩生活、提前一刻钟收拾包袋、下班前5分钟准时走出电梯"的覆辙。

其实，当你正充满自信、努力提升“职场技巧”的同时，却忽略了最本真的东西：事业感。如果你能把这些预支的时间用于梳理、预备明天的工作，把手头的工作做得再完美些，那么你的成功就不再仅仅是纸上谈兵了。

一个人工作累了叫个苦本是情理之中的事，但却反映出他对工作的态度。不叫苦的人，把工作当成自己通向成功的一条必经之路，把工作当成事业来做；而叫苦的人，多半是把工作当成了一种自己并不情愿的劳役。

世界上最伟大的推销员乔·吉拉德曾经也说过：“如果一个人能够把工作当成事业来做，那么他就成功了一半。”

同一件事，对于“把工作当事业”的人来说，意味着力求完美，对于“不把工作当事业”的人而言，则是出于无奈不得已而为之。前者无疑将成为最终的成功者。

如果你在工作时，想的只是薪水和奖金，想的只是怎样应付领导，那么，你所能做的只能是“砌砖头”的活儿，而且砖头你也不一定能砌得好；松下幸之助就曾说过：“我们的员工中最可悲也是最可怜的一种，就是那些只想获得薪水，而对其他一无所知的人。”

把工作当成事业来做，你的工作中就会充满了激情。作家拉夫尔·爱默生说：“激情像糨糊一样，可让你在艰难困苦的场合里紧紧地把自己粘在这里，坚持到底。它是在别人说你‘不行’时，能在内心里发出‘我行’的有力声音。”

有了这种态度，你就会以虔诚之心对待自己的工作，你就会变得比别人更容易成功。最后，你也一定会完成从平凡到卓越的转变。

南方某农业高校里的一个女孩，在辅导员的推荐下，加入了一个创业团队。这个团队由十几个有志的学生共同组成，并且得到学院拨分的一块土地和一些生产资料，他们把学习中所学到的知识运用到果蔬生产实践中。当时那个女孩以勤工助学为目的加入了那团队的销售部。她的工作很平凡，就是有瓜菜上市时，在校园周边摆摊进行销售，工资是以学校勤工助学标准报酬来算。不过她加入这个团队之后，工作很认真，她并不只是卖瓜卖菜，她还想出各种名堂，譬如这瓜这菜是按绿色食品A级标准来生产的，她就会在瓜菜旁边写上相应的字眼，在卖的过程中还给顾客讲解他们的生产方法。在写月总结时，她把销售时间，销售地点，以及天气都综合起来，做了一个总结分析，得出哪个地点销售情况比较好等等。她还通过参阅一些市场营销、财务管理的书籍，使自己得到充实。

后来她通过竞选当上了销售部和财务部的部长，并且成功地开拓了销售市场，联系了一大批快餐厅和餐馆。她常常会和其他几个人也一起研究团队的发展和未来。在她心中那不仅是勤工助学的地方，而是他们创业的家园，是他们的事业所在。

只有工作做好了，事业才有成功的基础，职业生涯带给我们的经验与体验一定能够帮助我们在未来的事业上取得成功。

永远把事情做在前面

对公司的敬业与忠诚不仅仅表现在你把公司现有的工作做好，更表现为为公司未雨绸缪的行动上，处处为公司的利益着想，把公司长远的利益放在第一位，把公司的事情永远放在最前面。

兵书上曰："惟有运筹于帷幄之中，才能决胜于千里之外。"

把事情做在前面，需要你主动地去做事，抓住每一个机会。美国的富豪金克拉在一次演讲中说："许多人没有机会，机会来时，他们却总是因为没有准备而失之交臂。我的建议是只要你准备好迎接机会，机会随时都会来叩门。"

戴尔·卡耐基曾说："成就最大的人往往是那种愿意行动而且敢于行动把事情做在前面的人，'万事俱备'号轮船永远不会驶离码头太远。"

惟一有那些主动出击、善于创造机会和把握机会的人，总把事情想在前面的人，才能在平淡无奇的生活中找到一丝机会，用自身的行动改变他们的处境，把自己的人生之船开到理想的彼岸。

比尔是某学院的一名普通职员，他的老板主要负责管理学生和教职工。但当时他们的签到系统不仅效率不高，而且容易出现差错。极其糟糕的签到系统使学生还未上课就被点名，或者使许多班级拥挤不堪，而另一些班级的人数却很少。比尔意识到这种情况，自告奋勇地组织开发了一个新的签到系统，完美地解决了这些问题。老板非常高兴，不久在组织机构改组中，推荐比尔为副主任，直接协助老板工作。

或许这只是一个很平常的例子，但这平常中却蕴藏着深刻的道理。从某种意义上说，一个人工作，永远都只是为他自己书写人生简历。比尔获得升迁，不仅仅由于他意识到原先签到系统的不足，更重要的是把这个问题圆满解决。

其实对所有的公司员工都一样，只要你经常把事情做在前面，让老板真正看到你的能力大于你的位置，他就会给你更多的机会表现。每个员工都想获得升迁，每个员工都想获得更多的薪水和奖金，与其说决定权在老板那里，还不如说掌握在自己手里，关键是你要把事情做在前面。

1997年，福特公司60%的杂志广告是针对男性做的，10%是针对女性做的。福特公司的一名广告策划副经理罗斯·罗伯特通过对市场的深入调查发现，在汽车市场，女性购买者占65%，因此1997年中期便将60%的广告目标投向女性。当董事会意识到女性市场的重要性时，董事们惊喜地发现，罗伯特已经着手解决此事了。由于他把事情做在前面，为福特汽车占领女性市场赢得了巨大的先机，不久便被董事会提升为部门经理。

老板偏爱敬业的员工。罗斯·罗伯特就是这样一个人，他不仅善于去发现契机，更重要的是他能在别人行动之前就抓住契机。倘若他也是一个对老板亦步亦趋的人，不主动去做市场调查，不果断地把广告投向女性，他也许会在他原先的岗位上庸庸碌碌地一直待下去。优秀员工与普通员工最大的差别就在这里，考查一个员工是否敬业最高的评判标准也在这里。

把公司的事情想在前面是一个员工对公司负责任的表现，更是对公司忠诚敬业的表现，这种表现很容易赢得公司对你的信任。我们更应该把公司的利益放在前面，想在前面，先行一步，以身作则。

公司的大目标和员工的小目标都是为公司创造财富。作为一名敬业的员工，不应该仅仅局限于完成自己的任务，而应该在不破坏公司各种秩序的情况下，主动地完成额外的任务，把公司的事情想在前面，做在前面。出色地为公司创造额外的财富，更重要的是要先于主管和老板，提出并实施有益于公司发展的项目和业务。意识到这一点，你就掌握了获得升迁或者奖金的秘诀。

经常有人抱怨："牛顿那个著名的苹果为什么不是掉在我的头上呢？那只藏着'珍珠'的巨贝怎么就产在巴拉旺，而不是在我常去游泳的海湾？"

实际上并非你没有遇到这样的机会，最主要的是你没有把它主动地揽入怀里：也许在你必经的路上不止一次不偏不倚地掉下一个苹果，结果你每次都把它拾起来吃了；也许你不止一次遇到宝石，只是由于它每次都将你绊倒，结果你爬起来后，怒气冲天地将它一脚踢进了路边的草丛中。

在公司里也是如此，你的公司肯定有许多值得改进的地方，你所从事的领域一定还可以有不少的创新，只是由于你已经习惯了做那些老板让你去做的事情，你根本没有去考虑去做这方面的尝试，所以你永远没有把事情做在前面，给老板一个意外的惊喜。一个聪明的员工总把事情做在前面，这也是职场竞争制胜的法宝。

忠诚是立身之本

忠诚是人类的美德之一，而美德是永远都不会贬值的。忠诚，帮助人类取得了一次又一次的进步。忠诚铸就信赖，信赖造就成功。

有句话是“桃李不言，下自成蹊”，原意是桃树不招引人，但因它有花和果实，人们喜欢在它下面走来走去，时间久了就走成了一条小路。比喻人只要真诚、忠实，就能感动别人。忠诚的员工，其实正可以用自己的忠诚感动他人，获得尊重与信任，由此，用忠诚提升自己的形象，树立自己的品牌。

吕布已经成了不忠形象的典型。他不断地投靠新的主人，又不断地背叛他们，即使吕布自己不想背叛，不想不忠，可是在他的朋友、敌人眼中，他就是不可信任的人，他早已被贴上不忠、不可信任的标签。品牌一旦确立，个人形象就已经定型，个人的命运就已经无法改变。

这个世界上并不缺乏有能力的人，只有那种既有能力又忠诚的人才是每一个老板梦寐以求的理想人才。人们宁愿重用一个虽然能力差一些却足够忠诚、敬业的人，而不愿意重用一个朝三暮四、视忠诚为无物的人，哪怕他能力非凡。

忠诚是一个人在职场中最好的品牌，同时也是最值得重视的职场美德。因为每个公司的发展和壮大都是靠员工的忠诚来维持的，如果所有的员工对公司都不忠诚，那这个公司的结局就是破产，那些不忠诚的员工自然也会失业。

在越来越激烈的竞争中，人才之间的较量，已经从单纯的能力较量延伸到了品德方面的较量。在所有的品德中，忠诚越来越得到组织的重视，从某种意义上说，忠诚更是一种能力，因为只有忠诚的人，才有资格成为优秀团队中的一员，才能更好地发挥自己的能力。

个人没有忠诚就无法生存。一个丧失忠诚的人，不仅丧失了机会、丧失了做人的尊严，更丧失了立身之本。即使是那些从你身上获取好处的人，也会鄙视你、远离你、抛弃你。

某公司销售部某经理自从和董事会产生意见冲突后，双方一直未能妥善处理。为此，这位经理一直耿耿于怀，甚至准备跳槽到竞争对手公司，以此来报复现在的公司。

为了顺利达到目的，这位经理想尽了一切办法把公司的机密文件和客户电话全部透露给了市场经销商，使得各地市场经销商的电话几乎将公司电话打爆。很快，市场就乱成了一团麻，并引发了很多市场纠纷。

这还不算，他还打电话给当地工商、税务部门，说公司的账目有问题。虽然经过查证后发现没问题，但还是给公司的名誉带来了很大的损害。

达到泄私愤的目的后，这位经理满意地走了，当他到竞争对手公司报到时却遭受了一番冷遇。新老板见这位经理如此对待老东家，自然会想到他以后对公司会有同样的不忠。身边如果有这样一个人，不就像放着定时炸弹一样吗？这种不忠的人也肯定会对公司产生不良的影响，于是这家公司也就没有录用他。

在以后的求职路上他到处碰壁，几乎没有任何公司想雇佣这样的不忠的员工。

一个对公司不忠诚的人是不会赢得老板的认可和公司所有人的认可的，最后只能在沦落中失去自我的价值。

忠诚是人类的美德之一，而美德是永远都不会贬值的。忠诚，帮助人类取得了一次又一次的进步。忠诚铸就信赖，信赖造就成功。

职场上如果没有忠诚，一切都只是空中楼阁。忠诚不是金，但比金子更重要。经济时代，我们最需要的就是忠诚，忠诚是促进我们事业腾飞的前提条件。

做老板忠诚的朋友

我们对职业的忠诚不仅表现在对工作的敬业，对公司的忠诚，更表现为对老板的忠诚。

老板是公司的决策者，决定着公司的一切事务，而在这个过程中也难免出现一些错误，不利于公司的发展壮大。这更需要尽献员工的忠诚，把老板当成朋友，为公司排忧解难，献谋献策，做到尽忠尽职。

两个高中毕业生小张和小林，来到深圳后，一直没有找到工作。当口袋里的钱所剩无几时，他们只好来到一个建筑工地上找到包工头推销自己。

老板说："我这里目前没有适合你们的工作，如果愿意的话，可以在我的工地上干一段小工，每天给你们30元钱。"无奈之下，两个人同意了。

第二天，老板给他们分配了任务——把木工钉模时落在地上的钉子捡起来。每天小张和小林除吃饭的半个小时外，一刻也不歇地捡。每个人每天才捡了不到一公斤钉子。几天下来，小张暗暗算了一笔账，发现老板这样做十分不合算，根本达不到"节流"的目的。小张决定和老板谈一谈这个问题，但小林却极力阻止他："还是别找老板的好，否则我们俩又得失业。"小张没同意，他直接找到老板。

“老板，恕我直言，企业需要效益，表面看来，拾回落下的钉子是一件合情合理的事，但实质上它给您带来的只是负值。我老老实实捡了几天钉子，每天最多不超过一公斤。这种钉子的市场价是每公斤5元，这样算下来，我一天能创造的价值非常低，而您却给我30元的工资。这不仅对您是损失，对我们也不公平。如果现在您算透了这笔账打算辞退我，请您直说。”

老板听了小张的话，很高兴，及时改变了自己的安排。之后，老板果断让小张马上转正，并提拔了他。

一个临时工，却能从企业的角度着想，从自己的本职工作试着说服老板，主动呈现自己的忠诚。这不但没有让他失去工作，反而让他有了更好的机会。

当老板处于低谷状态的时候，你不要“抛弃”他，即使给予一些鼓励，往往也是他最好的礼物。不要以为员工才需要激励，同样老板也需要激励。加强老板自信心的办法就是诚实地反映人们对他的肯定。

对老板的忠诚不仅表现在对老板的不离不弃，更表现为对老板的关心体贴，善解人意，为老板排忧解难，把老板当成朋友来看待，指出老板的不足。

世上没有永远都一帆风顺的事情，也没有永远不变的好心情。老板也不是“超人”，烦恼和挫折都可能使他情绪低落。弄清老板情绪低落的原因是很重要的。当老板情绪低落时，你不妨劝老板休息一段时间，去调养一下。也可以在老板低落的时候讲个笑话或是一些趣事。

有人曾就“怎样的员工才是好员工”的话题采访了百名企业管理者和员工。管理者们强调了“主人翁意识，能把自己当成朋友”的重要性。

在领导的心目中，好员工应该具有强烈的主人翁意识，关心集体，关心企业的发展；在工作中发现并反馈生产、技术、管理等各方面存在的问题，能提出合理化建议，能把老板当成朋友一样看待，直言不讳。把老板当成朋友，不仅会使你的生活中多了一个朋友，更提升你本身的自我价值。

严守商业秘密

对公司的忠诚不只口头上说说而已，更重要的是付出我们的实际行动，把这种忠诚灌输在每个员工的日常行为当中，尤其是要严守商业秘密。

公司的机密关系着公司的利益，有时甚至关系着公司的生死存亡。在一个公司里，很多信息、技术都是有商业价值的，必须严防死守。公司里，所有的员工必须遵循一个基本原则：不该你知道的，就绝对不要去打听；已经知道的，就要守口如瓶。如果泄露了机密，将会给公司带来不可预料的损失，会产生严重的后果，商业秘密它关系到企业在激烈市场竞争中的生存力，严守商业秘密是每个员工的基本职责，是员工的基本的职业道德要求。

科比是美国一家钢铁公司的工程师，因为该公司生产的钢铁质量过硬，不易腐蚀，在整个欧美国家名声大振，深得很多同行的关注。当然也少不了一些多有用心者的到来，很多人都想获得这公司的秘方技术。为此许多人也花了不少的心思，收买该公司员工就是重要的伎俩之一。

一天，一个不速之客来到科比的身边，提着一个装满东西的大麻袋。他想和科比做个交易，只要科比透露一些技术内幕，麻袋里装的十万美金都是科比的。

十万美金对于一个出身于农村家庭的他确实是一个不小的诱惑。

但科比更知道他作为公司一员的职责所在。

“先生，金钱很重要，但要跟忠诚比起来是微不足道的。”科比婉言拒绝了。

后来，这件事情被公司董事知道后，科比也受到了董事长的嘉奖，并号召公司所有的员工向科比学习。

严守商业秘密，不仅要求员工经得住糖衣炮弹的攻击，更要有公司自我的归属感，增强自己的责任心。

如今社会，很多公司出现了这样的员工，他们为了一己私利，不顾公司的利益，将商业机密出卖给别人。他们终究会受到应有的惩罚，并遭受良心的谴责、同事的鄙视、老板的憎恨。

作为一名员工连最基本的严守公司商业秘密的职业道德都没有，那么更别说忠诚和敬业了。这种人永远不会深得老板的重视，更别说能促进自己事业发展。严守商业秘密不仅是一种责任，更应该是一种意识。把这种意识灌输在每一个工作中，这是对公司忠诚的最大表现。缺乏这种意识的员工，就像缺乏自身安全意识的人一样，迟早会为此而付出代价。

卡娜姆是芝加哥一软件公司的职员，虽然平时对工作总是任劳任怨，但不足的是做起事来总是畏首畏尾。公司的要求很严格，要求每位员工每天做完工作必须把资料存到带有密码的文件夹里。

这天，卡娜姆工作完后，匆匆忙忙地走人，把公司的保密程序给忽视掉了，这个不经意的失误刚好被老板看到。

第二天，卡娜姆直接被辞退。

尽管勤勤恳恳的卡娜姆平时表现不错，但因为这次的失误也难逃被辞的命运。即使主管有心替他辩护，但还是被拒。

“作为一个一线员工，保密意识都那么弱，我怎么能相信他对工作的敬业程度和对公司的忠诚之心？”老板道。

随着全球经济一体化进程不断加快，企业与企业之间的竞争越来越突出，企业的保密工作显得愈加重要。员工的保密程度决定着企业在市场竞争中的成败。

泄密不仅会出卖自己本有的职业道德，而且会给公司和国家带来经济损失，这不仅是不忠，不道德，也是非法的。只有严守公司秘密的员工才是一个合格的员工，这也是作为一个优秀员工的前提条件。

让老板认同你的忠诚

一个聪明的员工总是善于表达自己对公司的忠诚，并让老板认可你的忠诚。这能不断地提高你在老板心目中的忠诚度，最终让你在职场上受益。

在职场上，老板一般都把下属当成自己的人，希望下属忠诚地跟着他，拥戴他，听他指挥。下属不与自己一条心，背叛自己，另攀高枝，“身在曹营心在汉”，存有二心等是公司最反感的事。讲义气，重感情，经常用行动表示你信赖他，敬重他，便可得到老板的喜爱和认可。

你可以通过多种方式表达对老板的忠诚，让老板感到你是他可靠的员工，但这种表示不是要你拍马屁，而是让你将自己的坦诚展现给老板看。

一家著名公司副总裁的一位司机，接到了一项紧急任务：根据老板的指示，准备好业务进展曲线图表。起草图表时，他注意到老板写道：“A股票将会升值，马上跟进。”这位司机从电视上看到，事实恰恰相反，专家预测会下降。于是，便通报老板，为公司避免了因为大笔投资而造成的损失。老板感谢这位司机及时发觉他的疏忽。当第二天向上呈报未出丝毫纰漏后，老板对这位司机做出的努力再次道谢。

一个员工只有将自己的命运与企业的命运联系起来，抱有与企业共命运的态度，才能最大限度地发挥自己的聪明才干，也只有这样不遗余力地工作的员工才容易得到老板的青睐。

站在企业经营的角度来思考，可以让老板感受到你是属于经营团队一分子，对经营阶层来说，你的忠诚与可靠，正是可以交付更重要任务的人，在升值加薪的关键时期，你千万要注意不要随意地与同事批评你的老板或主管。

在职场上即使你能力再高，但当你的忠诚得不到老板或者公司的认可的时候，那么你肯定得不到很好的加薪和提升机会，甚至会影响到你的就业的前程。

在招聘大会上，30岁的小胡在招聘现场应聘化工单位的销售经理时，其业绩和学历得到了一单位招职人员的认可。可是，当小胡声称自己手头有大批客户时，招聘人员当即打电话请示公司领导王总，王总的答复是“不用此人”。后来，写这篇报道的记者拨通了该公司王总的电话，王总在电话中说，企业用人的最终目的是通过为客户提供产品或服务获取利润，没有客户，一切都是白搭。自带客户，不仅为企业创造了市场空间，更显示了求职者的业务实力。然而问题正出在这里：目前小胡手头拥有大批的客户，虽然能在短期内为企业带来直接的经济效益，但一旦他掌握了本企业的客户资源，再去跳槽的话，那将是企业一种巨大的损失。老板坦陈：“对这种没有忠诚感的求职者，录取的风险过大，企业是宁缺毋滥。”

手上拥有大批客户资源，求职时反而遭到用人单位的拒绝，这就是不忠诚的下场。

空有一身技能，对企业没有足够的忠诚度的人，他们的职业生涯可能是从一个小职员升任一个高级工程师，但很容易因为自己的不忠而失去了自己多年经营的成功果实。要想赢得老板信任，对企业或者老板忠诚就是最好的方法。

查尔斯·基得早年就职于一家商场，他的主要职责就是帮老板做好仓库保管。这是一个很不起眼的职位，但是，就是这个职位让他最终升任为这家商场的副总裁。

基得的忠诚是在店里出了名的，他每天除了做好自己的本职工作之外，下班之后，他还要留在店里帮老板做一些事情，有时还会工作到深夜，但从不寻求任何报酬。

“有时，老板要求我为他修理一些机器，或是清点一些货物，这些我都能做得很好，所以也并不觉得非要老板许诺我什么，我才肯去那么做。”查尔斯·基得谈了他对自己的看法，“当你将每天多做一点工作养成习惯后，你会发现，你一刻钟也闲不下来，你总想试图从那些平凡的工作中寻找些什么，不只是老板的认同，我觉得最主要的，是你对自己的认同。当然，这时，你被老板提升也成为一种必然，即使你原本并不想得到更高的职位。因为，老板信任你，需要你去做更高效、更胜任的工作。

很多的企业在评价员工时，首要考虑的都会是忠诚度。因为中层干部和骨干力量的跳槽对企业的破坏力很大。因此，老板们不会提升自己信不过的员工。在企业里升最快的往往不是能力最强的人，而是那些既有能力又足够忠诚的人，他们的能力得到老板的赏识，他们因为忠诚而深得老板的信任，因此，在有职位空缺的时候，老板首先想到的是他们。

第六章　追求卓越：把追求卓越作为一种工作习惯

追求卓越，不仅仅是我们工作的要求，也是我们人生的追求。在职场上我们经常见到这样的情况，那些被公司领导重视的人都是那些不断追求卓越的员工。我们知道，当一名员工把追求卓越作为一种工作习惯的时候，那么，他不管做什么事情都会尽一切的努力。而在这个过程中，他的能力也在不断地提升。

用做大事的心态做对每一件小事

无论大事小事，员工都要全身心地投入，满怀责任感去完成它。员工要学会从小事做起，无论是对于员工个人来说，还是对于企业整体来说，都是成功的基本保证。的确，工作中没有小事。任何一件事情，无论大小，都可能关系全局的成败。

古人也曾说："天下难事，必作于易；天下大事，必作于细。"

在现实生活中，只有认真做对每一件小事，并将每一件小事都看成大事来处理，才能够使自己的工作不断地得到改进，并最终达到一个新的高度。任何一个团队为了完成任务，都会要求自己的员工认真对待每件小事。当然，这并不只是一个口号、一个动作，而是要充分发挥主观能动性与责任心，尽一切努力把工作做对。

员工只有在平时的工作生活中把每一件小事当成大事来做，才能养成追求卓越的工作作风，那也是一种追求卓越的工作习惯，这种习惯也是成功者所要具备的条件。一个员工只有把这平凡的工作做对，把每一件小事做对，管理者才会让员工去处理企业中更高层次的问题。

面对每一件事情，企业员工都应该抱着积极的心态去做，即使是小事情，也应该用做大事的心态去处理。这样，自己的任务才能够完成，企业的整个目标才能顺利实现，员工也才能够得到企业管理者的赞许和认可。

在企业中，无论大事小事，员工都要全身心地投入，满怀责任感去完成它。员工要学会从小事做起，无论是对于员工个人来说，还是对于企业整体来说，都是成功的基本保证。的确，工作中没有小事。任何一件事情，无论大小，都可能关系全局的成败。在工作中，任何细节，都会事关大局，牵一发而动全身，每一件细小的事情都会通过放大效应而突显其重要影响。

美国国务卿鲍威尔是牙买加人，他的第一份工作是在一家大公司当清洁工，因为牙买加人在这种公司里只有一个工作可以做，那就是清洁工。鲍威尔把这份工作干得有声有色、有滋有味，没多久，他就发现了一种拖地板的姿势，既能把地板拖得又快又好，人还不容易累。鲍威尔的认真和用心被公司的老板发现了，观察了一段时间后，老板断定鲍威尔能够成就更大的事业，于是很快破例对他进行了提升。清洁工的工作让鲍威尔获得了一个宝贵的人生经验："认真做对每一件事。"以这样的经验和努力，鲍威尔最终获得了美国黑人前所未有的成功和荣誉。

通过鲍威尔的例子我们可以了解到，一个人当他把追求卓越当成一种习惯的时候，他的人生或许将因此而发生改变。因为每一件小事都可以锻炼我们办事的意志和能力，优秀性格也会因此而养成。

一个人只有把小事当成大事去做，用做大事的精神去对待每件小事，他才会事事成功。把小事做对做到位将来自然能做成大事；而一个只想着做大事，不愿做小事的人，他是不会成功的。

比尔·盖茨说："每一天，都要尽心尽力地工作，每一件小事情，都力争高效地完成。尝试着超越自己，努力做一些分外的事情，不是为了看到领导的笑脸，而是为了自身的不断进步。"GE公司前CEO杰克·韦尔奇也说："一件简单的小事情，所反映出来的是一个人的责任心。工作中的一些细节，惟有那些心中装着大责任的人能够发现，能够做对。”追求卓越就得从小事干起，只有这样才能让我们在小事中锻炼自我，养成追求卓越的精神，才会促使我们事业的成功。

第一次就把事情做对

第一次没把事情做对，忙着改错，改错中又很容易出新的错误，恶性循环的死结越缠越紧。这些错误往往不仅让自己忙，还会放大到让很多人跟着你忙，造成巨大的人力和物资损失。作为员工只要在工作完工之前想一想出错后带给自己和公司的麻烦，想一想出错后造成的损失，就应该能够理解“第一次就把事情完全做对”这句话的份量。

第一次就把事情做对，这是对员工工作的最高要求之一，也是员工追求卓越而对自己的要求，通过“第一次就把事情做对”的工作理念会激励员工把工作做得更好，不断地要求自我，超越自我，使自己更加成功。

但在现实的工作生活中很多人并没有很好地认识到第一次就把工作做对的意义。甚至在平凡的工作岗位中屡次出现这样那样的错误，这样不但损害了公司的利益，给工作单位带来了严重的经济损失，浪费财力物力，浪费时间。也给自己的工作带来灾难性的影响。

一家广告公司的员工就犯过一个这样的错误，在为客户制作的宣传广告中，将客户的联系电话中的一个数字弄错了。当他们把制作的宣传单交给客户时，客户由于时间紧，第二天就要在产品新闻发布会上使用它，因此没有详细审核就接收了。直到新闻发布会结束后，在整理剩下的宣传单时，才发现关键的联系电话有错误，而这样的宣传单已发放了5000多份。

客户一怒之下，向广告公司要求巨额赔偿。由于错在己方，而且客户召开新闻发布会的费用的确巨大。无奈之下，广告公司只好按照客户的要求进行了赔偿。公司一怒之下马上把那员工给辞了。

那员工也因此名誉扫地，以后很多公司都不敢录用他。

一个小小的失误竟让一个人的命运彻底的改变，这是很多犯错误的人没有想到的。为此不管做什么事，要么不做，要做第一次就把事情给做对。

或许有人会说："第一次没做对不要紧的嘛，我可以做第二次，做第三次。"是的，第一次没做对时可以重新做第二次，甚至是第三次，但是这样做既浪费时间又会浪费精力，而我们的工作中，我们的人生中能允许我们犯几次错误呢?

信誉是一个人的品牌，而很多时候"第一次"做事的时候是我们铸就我们个人品牌的时候，很多人在第一次做事情就把事情做得很完美，成功地完成了自己第一次的使命，同时也铸就了自己的品牌。但有些人却在第一次做事时就让自己臭名远扬，也因此影响自己的人生。所以我们要尽可能地在第一次把事情做对。

有位记者曾到华晨金杯汽车有限公司进行采访，首先映入眼帘的就是悬在车间门口的条幅——"第一次就把事情做对。"

在很多人的工作经历中，也许都发生过工作越忙越乱，解决了旧问题又产生了新故障，在一团忙乱中造成了新的工作错误这样的事情，结果轻则是自己不得不手忙脚乱地改错，浪费大量的时间和精力，重则返工检讨，给公司和自己造成经济损失或形象损失。

由此可见，第一次没把事情做对，忙着改错，改错中又很容易出新的错误，恶性循环的死结越缠越紧。这些错误往往不仅让自己忙，还会放大到让很多人跟着你忙，造成巨大的人力和物资损失。

追求“在第一次就把事情做对”这不仅仅是口号和理念的问题，更要求我们提前把工作做好准备，这也就是要我们了解一下工作的内容，认真研究工作的重点，才能不会驴唇对不上马嘴地去处理工作。

在一次工程抢险中，项目经理带几个下属在紧张地工作。这时经理急需一把螺丝刀，便对离自己最近的张锋喊道：“快，去拿一把螺丝刀来。”张锋飞奔而去。经理等了很久，张锋才气喘呼呼地跑了回来，他手里拿着一把小号的螺丝刀：“我认为你最需要的是这把，所以就拿来了。”

经理接过来一看，生气地说：“谁让你拿小号的，我要最大号的！你怎么连这点小事也做不好。”张锋没有申辩，但显然地，他心里很不服气。项目经理这才意识到，自己让张锋去拿螺丝刀时，并没有告诉他自己需要多大号的。经理明白出现错误的根源在自己，因为他没有具体地说明自己需要什么样的螺丝刀。

于是，经理便缓和了语气，对张锋说：“我要的螺丝刀是工具箱内最大号的那个！”这次，张锋很快地就拿着经理要用的螺丝刀回来了。

从这件事情中可以看出，企业要想让员工达到一次就把事情做对的标准，那么作为员工更要清楚地了解到任务的具体的内容，不但要听领导的要求，更要发挥自己的主观能动性。

第一次就把事情做对，这不仅是自我追求卓越，做对每件工作的理念，更是铸造自己品牌的重要手段。第一次就把事情做对，这是每个进取的员工，也是优秀员工的做事理念。发挥自己的主观的能动性，不断地去了解追寻，这也是第一次就把事情做对的条件。

集中精力，一次只做一件事

常言道：小专注，小奇迹；大专注，大奇迹。要想取得卓越的成绩，惟有专注于自己的工作。别太贪心，你越是贪心，什么都想要，每一种都要了一些，但没有一样是专精的，最后你也只能是什么也干不了。

不管在什么样的企业，任何取得卓越成就的员工，他们都有一个共同的特点，那就是——集中精力，一次只干一件事。在自己的本职工作上勤勤恳恳，专注于一件事，最后把事情做对。聪明的员工懂得专一，一次只做一件事情，直到把事情做对了才停止。

年轻的推销员小李正为他低迷的业绩愁眉不展。他的经理走了过来，说："小李，你先别急，我替你介绍个客户吧。"经理指着窗外的对面大楼，"看到那栋楼了吧？那里的801室的老先生，跟我们老板很熟，你去谈谈，他一定会买我们的东西。只是他年纪大了，很固执，爱抱怨，他会不停地唠叨，甚至骂你，但别放弃，他最后还是会买。"

小李听了很高兴，马上出门推销。到了下午下班的时候，小李冲进了办公室，兴奋无比地大叫着："经理，老先生真的买了，而且是笔大订单。被他骂了一天，可是毕竟买了。"经理问他怎么做到的，小李说："很简单啊，你不是说他一定会骂吗？所以不管他说什么，我总是回答：'老先生，你只是嘴巴很会抱怨，但是你一定会买我们公司这么好的产品。’如此罢了。”经理听了，哈哈大笑：“小李，你知道吗？多年来那位老先生从来不理会我们的推销员，而你却做到了，真是个奇迹。”

小李的成功在于设立目标，集中精力，一次只做一件事。我们只有专注于一件事，才能使事业取得成功，而不懂得专一的员工，总想一下子干出惊天动地的大事，最后只能在自己的岗位上一事无成。

作为员工，在处理工作时，一次只专心地做一件事，将注意力集中在专一目标上，全身心地投入并积极地希望它成功，这样心里才不会感到筋疲力尽，才会有更充沛的精力致力于自己的工作上，取得最终的成功。

当麦肯利还是一名从俄亥俄州来的国会议员时，胡佛总统便对他说：“为了取得成功，获得名誉，你必须专注于某一个特定方向的发展。你千万不可以一有某种情绪或者方案，就立即发表演说，把它表达出来。你固然可以选择立法的某一个分支作为你学习的对象，但是，你为什么不选择关税作为你的学习对象呢？这个题目在接下来的几年中都不会被解决，所以，它将为你提供一个广阔的学习天地。”

这些话语一直萦绕在麦肯利的耳边。从此，他开始研究关税，不久以后，他就成为这个课题上的权威之一。当他的关税方案被参议院通过时，他也达到了自己事业上的顶峰。

成功者与失败者的最大区别并不在于他们各自做了多少工作，而在于他是否专注于自己的工作和人生目标，并从中挖掘出多少自身的价值来为这个目标服务。假如一个人总是把精力分散到许多事情上，对待本职工作不认真，不将敏捷的判断力、准确的逻辑推理能力、丰富的专业知识和工作中的具体细节联系起来，只会不断地增加错误的发生几率，严重时还会因自己的疏忽大意造成无可挽回的损失，最终也将一事无成。要知道，所有成功者都把自己的精力集中于一点。

“一次只做一件事”是解决因为工作不断被迫中断而变得效率低下问题的良药。德鲁克曾在《哈佛商业评论》上就发表文章，以他多年的丰富经历非常肯定地指出：“我还没有碰到过哪位经理人可以同时处理两个以上的任务，并且仍然保持高效。”

现实工作中，我们必须学会每次只专注于一项事业的工作态度。这将帮助我们把时间首先运用在最重要、最能产生效益的工作上。

把老板当作成功的榜样

每个人都会有自己崇拜的对象，我们崇拜和学习那些离我们遥远的伟人，却往往忽略了近在身边的智者。须知，一个好老板会让你受益无穷。除了我们的家人之外，老板是与我们接触最多的人，也是我们每天都面对的比我们优秀的人。

愚蠢的员工认为员工和老板是一对冤家。而优秀的员工则把老板当成榜样。把老板当成榜样是一个优秀的员工追求卓越的方式之一，向老板学习，能提升我们的志向和理想。只有向老板学习，才能激发我们的潜能、唤起我们的责任、助燃我们的动力，才能擦去我们生命中那些粗浅的自信和虚妄的梦想，让我们在公司的熔炉中百炼成钢。

对老板而言，公司的生存和发展需要员工的忠诚与敬业；对员工来说，他们需要的是丰厚的物质报酬和精神上的成就感。从互惠共生的角度来看，两者是和谐统一的。因此，老板和员工应该对彼此都有信心，相信只有合作才能实现双赢。作为一名优秀的职场中人，你更应该明白，老板是你成长的最好导师。相信老板，能够让你进步得更快。

在IBM的最初岁月，吴士宏做的是最基层办事员的工作，具体内容就是行政勤务，俗称公司打杂的。但她一直把公司的高层领导当成自己工作中学习的对象，不断地在背后观察他们的对待工作的态度。面对这些烦琐、单调的工作，她总是尽力做得很好。“一个月跑下来，腿都肿了。”这就是为要做得最好所付出的代价。

吴士宏深知把高层人物当成自己的偶像，自己也一定很快成长起来，上级也一定会给她更多的锻炼机会，直至为她提供新的奋斗平台。果然，一段时间以后上级开始注意到她的进步与敬业，进而发现她的才华，开始慢慢交给她一些更有挑战性的任务。最后，吴士宏得到了一项重要的任务，负责IBM中国公司华南地区的全部销售工作。

吴士宏说她之所以被重用，不仅仅是因为自己表现出了勤恳的工作习惯，更重要的是她把自己的管理层当成自己平时工作学习的对象。她相信，在IBM这样一家重视人才的大公司里，一定会有不拘一格降人才的风气，而好经理的一条共同标准就是发现和培养下属，重用有发展前途的员工，推荐他们到更能发挥他们作用的合适岗位上。

吴士宏说：“我从每个经理身上都学到了很多的东西，同时又把这套培养的方法像接力似的一茬一茬地传下去。如果没有我的经理发现我、培养我，甚至包括个别的上司嫉妒我（这从另外一个方面鞭策我一定要做得更好），我的提高和提升是不可能如此快的。”

从一个名不见经传的医院小护士，成长为跨国企业的著名职业经理人，吴士宏成长的经历告诉我们：不要小瞧自己，更不要忘记向老板学习。要知道，一家好的企业之所以能够做大做强，就在于它拥有完善的人才培养和选拔机制，而包括老板在内的各种管理人员就是这种机制的执行者和维护者。因此，只要你沉心静气，扎实工作，尤其是懂得向老板学习，那你一定可以不断地成长，并最终成为优秀的员工。

杭州奥普电器有限公司的董事长方杰，当初就是一个善于向老板学习的人。早在澳大利亚留学的时候，方杰就有意识地到澳大利亚最大的灯具公司LIGHTVP公司打工。当时他还不懂商业谈判，他知道自己的缺陷，很希望学会谈判的本领。他知道他的老板是一个谈判高手，每当有机会与老板一起进行商业谈判的时候，方杰总是在口袋里偷偷揣一个微型录音机。他将老板与对方的谈判内容一句句地录了下来，然后再回家听。听老板是怎样分析问题的，对方是怎样提问，老板又是怎样回答的。方杰就这样向老板学习，几年以后成了一流商业谈判高手。

最后老板退休了，他接替了老板。到了1996年，方杰差不多已经成了澳大利亚身价第一的职业经理人。后来，他回国自己创业，奥普浴霸就是在这样的基础上做成的。方杰并不是一个天生的生意人，他的成功，就是虚心向老板学习的结果。

每个人都会有自己崇拜的对象，我们崇拜和学习那些离我们遥远的伟人，却往往忽略了近在身边的智者。须知，一个好老板会让你受益无穷。除了我们的家人之外，老板是与我们接触最多的人，也是我们每天都面对的比我们优秀的人。

因此，为了取得事业上的成功，我们需要改变对老板的看法，把老板当成成功路上的良师益友，而不是我们的对头。

在工作中打造卓越的自己

作为一名优秀的员工，应该不间断地在工作生活中锻炼自我，在工作的过程中追求卓越，提升自己的工作能力，实现自己的价值。在工作中打造卓越的自己，就像打造一张品牌名片一样，最终会让你大放光彩。

公司不仅是一个简单的职业场所，更是锻炼优秀人物的地方，很多优秀的员工在工作中打造卓越的自己，提升自己的能力，并因此实现了自己的人生目标。

一名优秀的员工不仅要肯做事，还要能做事；不仅要主动做事情，还要把事情做对，做出成绩来。因为只有做出了成绩，我们才有更强的实力去整合资源、吸收外部力量，从而获得更多的优势。这又会反过来增加我们对未来的把握，从而提升自信的程度，最终实现自己的人生目标。

纽约首屈一指的毛织物批发商达勒·柯姆，有一年雇用了一名杂役，是一位叫乔瑟夫的少年。每天早晨6点钟，乔瑟夫要到富兰克林街的办公室，在七点半办事员来之前，把办公室打扫整理好。除此之外，白天一整天，他都要为一名患慢性胃病的董事来回不断地送热水。当周薪被调整到五美元的时候，乔瑟夫申请推销毛织物。

有一天，大风雪侵袭全纽约，就在这场大灾难刚过不久，推销员在中午就纷纷赶回富兰克林街的办公室，争先恐后靠到火炉旁，尽兴地聊着天。

到了下午，已经冻僵了的乔瑟夫才走进办公室。"原来是董事先生上班了。"资深的推销员讽刺地说。

"不过，我把今天应做的工作全做了。"他回答说，"在这样的大风雪，我们应该更加勤奋，而且这样的日子不会有竞争对手，所以给客人们看了更多的样本，今天卖出了43件货。"很快，乔瑟夫被升为正式推销员，薪水也增加了。

乔瑟夫用自己的业绩获得了老板的重用，实现了自己的理想。

乔瑟夫之所以能够迅速实现梦想，就在于他不仅对自己的未来充满信心，还在于他把这种信念转化为行动，在工作中打造卓越的自己。

我们要创造自己的事业，实现自己的职业梦想，同样需要这么做。这期间，我们可能会碰到无数的困难，但只要肯努力，终究会得偿所愿。

1994年初进微软的唐骏没能去他想去的市场部门，而成了微软Windows NT开发组的程序员。那时微软拥有像唐骏这样的工程师不下万人，但是他并未因此灰心丧气，而是开动起了脑筋。如何让自己从这些工程师中脱颖而出呢？他做的第一步是发现问题、寻找机会。

在微软Windows NT开发组，唐骏发现了微软在Windows NT版本开发中的局限。当时微软Windows NT开发的程序是这样的，先做英文版，再由一个600多人的大团队开发成其他语言版本。这样的结果是，其他的版本落后于Windows NT英文版上市几个月甚至是几年。

唐骏认为这种办法是愚蠢的。半年后，经过实验，他拿出了自己的解决方案。微软很快接受了他的方案，并且委任唐骏为该方案的负责人。唐骏从一个工程师变成了一个部门的经理。唐骏后来告诫职业人，普通员工一定要站在老板的角度思考问题，同时最好能提出解决方案，这样才会被重视。

唐骏还善于在公司的发展战略中发现自己的机会。1998年的时候，微软要在中国强势发展的势头被唐骏发现，于是凭借自己的技术优势、管理优势，以及身为中国人的优势，他获得了到中国上海创办大中国区技术支持中心的发展机会。

在这里，唐骏用业绩为自己的个人品牌增加了含金量。他在没有一兵一卒的情况下，亲自面试，首批聘用了27名员工，迅速构建了上海微软最初的班底；3个月后，管理系统初步建成，技术中心开始运转；6个月后，唐骏领导的技术中心备项运营指标已位居微软全球5大技术支持中心之首，唐骏也因此获得了“比尔·盖茨总裁杰出奖”，这是微软公司内部的最高荣誉。

由于业绩突出，一年之后的1999年7月，唐骏领导的微软中国技术支持中心首获微软全亚洲的技术支持业务。唐骏成了微软亚洲技术支持中心的领导者。

唐骏之所以能够不断提升，就是因为有骄人的业绩做后盾；他受到众多同行的尊重，还是因为有骄人的业绩作为自己的职场名片。

作为一名优秀的员工，应该不间断地在工作生活中锻炼自我，在工作的过程中追求卓越，提升自己的工作能力，实现自己的价值。在工作中打造卓越的自己，就像打造一张品牌名片一样，最终会让你大放光彩。

最充分的准备换来最好的结果

富兰克林曾经说过：“凡事都有准备的员工，每一天都可以很轻松地达到工作的目标，而受企业欢迎的员工，也一定是凡事都有准备的人。”

没有人不渴望成功，也没有人不羡慕别人的成功，却很少有人为成功做准备。正如歌曲所唱“没有人能随随便便成功”，成功只属于那些有所准备的人。所以不管你在哪个行业，哪个部门，只要你想在自己的本职工作上有所成功，你就必须得提前为你的成功而准备着。因为最好的结果都属于那些做最充分准备的人。

刘芳是一家房地产开发公司的员工。一次，在和朋友聚会时，偶然她听到一个内部消息，市政府有意向在市郊划出一块地皮，用来建经济适用房，以解决市内低收入者的住房困难问题。得知这一消息后，刘芳便立即多方求证这条信息是否可靠，同时还着手准备一些前期资料。她认为如果这个消息是真实的，那么一旦公布，市政府就会公开招标，到时将会有多家开发商去投标。如果自己的公司先做对了准备，中标的胜算不就更大了吗？

一些同事见了，不解地问：“刘芳，你干吗自讨苦吃呀？你现在做的这些事，老板可没吩咐你呀！再说，如果那个消息是假的，你岂不是白忙一场？”“如果是真的呢，我现在做的这一切不就变得非常有价值了吗？”刘芳坚定地回答道。

两个月后，这个消息得到了证实。市里有实力的几家房地产开发公司立即忙碌起来，开始了投标前的紧张准备工作，刘芳所在的公司也不例外。就在经理紧急召集中高层管理人员开会，商讨竞标工作的运作时，刘芳拿着一摞厚厚的资料敲开了会议室的门。

“你不是财务部的员工吗？”总裁看到那一摞资料，既高兴又意外。

“是的。”

“谁让你这样做的？”

“没有人吩咐，但我认为提前去做这些，能给公司带来帮助。在其他公司还在忙着收集资料时，我们就可以动手制作标书和筹备其他事情了，这样我们将会占尽先机。”刘芳的话刚说完，会议室便响起了热烈的掌声。这掌声既是公司领导层对刘芳的感谢，又是对她自动自发，提前准备工作的肯定。

在后来的竞标中，刘芳所在的公司果然一举中标。在庆功会上，总裁郑重地代表公司向她敬了一杯酒，并宣布刘芳将接替即将退休的财务主管的职务。

机会不会从天而降，只有做好充分准备的人，才能有力地抓住机会。一个不肯准备的人，纵然机会在他面前，他也只能眼睁睁地看着机会从眼前飞逝。

对工作毫无准备的人干事总是畏首畏尾，不仅效率不高，更可能给工作带来麻烦，从而遭到公司领导的不信任，误了自己的前程。

一名某知名大学的毕业生，以优异成绩考入一家省级机关。他胸中豪情万丈，一心只想鹏程万里。不料上班后才发现，每日无非是些琐碎事务，既不需太多智能，也看不出什么成果，心便渐渐地冷了下来。

一次单位开会，部门同仁彻夜准备文件，分配给他的工作是装订和封套。

处长再三叮嘱："一定要做好准备工作，别到时弄得措手不及。"

他听了更是不快，心想：初中生也会的事，还用得着这样嘱咐，根本没理会。

同事们忙忙碌碌，他也懒得帮忙，只在旁边看报纸。文件终于交到他手里。他开始一件件装订，没想到只订了十几份，订书机"喀"地一响，针用完了。

他漫不经心地抽开订书针的纸盒，脑中"轰"的一声——里面是空的。立刻发动所有人翻箱倒柜，不知怎的，平时满眼皆是的小东西，现在竟连一根都找不到。

那时已是深夜十一点半，文件必须在次日八点大会召开之前发到代表手中。处长咆哮道："不是叫你早做准备的吗？连这点小事也做不好，大学生有什么用啊。"

他低头无言以对，脸上却像挨了一掌。

几经周折，他在凌晨四点找到一家通宵服务的商务中心，终于赶在开会之前，对同事们微笑着，将文件整齐漂亮地发到代表手中。没人知道，他已是彻夜未眠。事后，他灰头土脸地等着训斥，没想到平时严厉得不近人情的处长，却只说了一句："记住，最充分的准备才能换来最好的结果。"

做任何事情，即使是一件小事，也要做充分的准备，只有这样才能保证工作的顺利完成。只有具备"准备心理"的员工才能更加让领导信任。现在社会职场如战场，成功一般都属于那些有准备的员工。所以我们要做好准备，迎接工作中的各种挑战。

每天进步一点点，自我升值“核聚变”

聪明的员工懂得去学习去进步，愚蠢的员工却在不思进取、自我满足中被淘汰。优秀的员工会在工作中学习怎样去进步，因为他们知道今天的一小步，就是明天的一大步，是成功过程中量的积累，最终会达到自我升值“核聚变”。

一个积极的成功者，每天在工作之中都会要求自己有所改变、有所进步。他们害怕退步，恐惧落后，因此，他们总是力求让自己每天的工作都有所进步，因为他们都明白这是一种“自我升值”的修炼。

一名员工假如不提高自己，可能就会被别人超越。更可能被公司淘汰。“每天提高1%”“每天进步一点点”，好员工应该时刻这样告诫自己。只有每天不断地进步与突破，你才能摘取成功的桂冠。

职场上的成功不是一蹴而就的，成功在于平时的积累。在关键的时候，想比别人更有优势，你就得在平时比别人多下工夫，只有每天进步一点点，才能实现自我的超越。

纽约的一家公司被一家法国公司合并了，在兼并合同签订的当天，公司新总裁就宣布：“我们不会随意裁员，但如果你的法语太差，导致无法和其他员工交流，那么，我们不得不请你离开。这个周末我们将进行一次法语考试，只有考试及格的人才能继续在这里工作。”散会后，几乎所有人都拥向了图书馆，他们这时才意识到要赶快补习法语了。只有一位员工像平常一样直接回家了。同事们都认为他已经准备放弃这份工作了。令所有人都想不到的是，当考试结果出来后，这个在大家眼中肯定没有希望的人却考了最高分。

原来，这位员工在大学刚毕业来到这家公司之后，就已经认识到自己身上有许多不足，从那时起，他就有意识地开始了自身能力的准备工作。虽然工作很忙，但他坚持每天提高自己。作为销售部的一位普通员工，他看到公司的法国客户很多，而自己却不会法语，与客户的往来邮件与合同文本都要公司的翻译帮忙，有时翻译不在或兼顾不上的时候，自己的工作就要被迫停下来，因此，他早早地就开始自学法语了。同时，为了在和客户沟通时能把公司产品的技术特点介绍得更详细，他还向技术部和产品开发部的同事们学习相关的技术知识。

在工作中法国经理看到了他的能力，把他提升为部门主管。

任何的成功都是需要时间的，而这个过程即是要求我们在工作岗位上不停地积累。这名员工是如何解决学习与工作之间的矛盾的呢？就像他自己所说的那样："只要每天记住10个法语单词，一年下来我就会了3000多个单词了。同样，我只要每天学会一个技术方面的小问题，用不了多长时间，我就能把握大部分的技术了。"

每天进步一点点，日积月累就会发生"核聚变"。那些能持之以恒、忘我工作的人，往往就是最后获得成功的人。成功就是简单的事情重复去做，成功就是每天进步一点点。一个人如果能坚持每天进步一点点，哪怕是1%的进步，试想，有什么能阻挡得住他最终的成功？

一个积极的成功者，每天在工作之中都会要求自己有所改变、有所进步。他们害怕退步，恐惧落后，因此，他们总是自强不息地力求让自己每天的工作都有所进步。

自古云：逆水行舟，不进则退。人生如此，职场更是这样。每天都要进步，这是职场的生存之道。聪明的员工懂得去学习去进步，愚蠢的员工却在不思进取，在自我满足的思想中被淘汰。优秀的员工总会在工作中学会怎样进步，因为他们知道今天的一小步，就是明天的一大步，是成功过程中量的积累，最终会达到自我升值“核聚变”。

永远不要说你做得够好了

著名企业家松下幸之助说："一个优秀的员工懂得，做人知足，做事不知足。"这种员工是任何一个企业都需要的，如果每个员工都这样为人处世，那么可想而知这个企业将是多么有生命力。

无论你从事什么职业，无论你现在如何优秀，永远不要说你做得够好了。只有不满足现状，才能不断地进步，不断地追求卓越。在这个追求更好的过程中，你也会不断地进步，从一般的优秀变成更好的卓越。那么你想要的成功也就和你越走越近了。

被称为"经营之神"的华人传奇人物王永庆，15岁毕业后被迫辍学，在一家米店当小工。除了做自己的本职工作送米外，还利用平时的时间不断地学习。尽管多次被老板表扬，但他还是觉得做得不够好，很多东西还是得加强。他细心地观察老板怎样经营，学习做生意的本领。

他总想：假如我也能有一家米店……

第二年，王永庆在父亲的帮助下，在自己家乡嘉义开了家小米店。开始经营时困难重重，因为附近的居民都有固定的米店供应。王永庆只好一家家登门送货，好不容易才争取到几家住户同意用他的米。他知道，如果服务质量比不上别人，自己的米店就要关门。于是，他更是精益求精，在很好的服务质量上还是觉得不知足，甚至趴在地上把米中的杂物一粒粒拣干净。为了多争取一个用户，他宁愿深夜冒雨把米送到用户家中。他的服务态度很快赢得了众多用户，业务逐渐开展起来了。

王永庆并不满足现有的米店规模，不久又开设了一个碾米厂。由于他的处处留心，做每件事情都追求精益求精。总在别人认为好的基础上再琢磨一番，要求更好的工作质量和服务质量。

由于他的精益求精的工作态度，促使了他以后事业的巨大发展。由一个米店的小职工变成一个传奇人物，王永庆的发迹使他成为台湾传奇式的人物。他成功的原因之一，正是王永庆本人常常提及的“精益求精，做事要不知足”的道理。

优秀的员工都知道在工作中学习，对他们来说，工作永远不会有“足够”这个概念，工作更多的是精益求精，不断地追求更高的目标。当一个员工觉得他所做的一切都已经知足的时候，那么这也是事业停滞不前的时候了。自足的开始也是骄傲的开始。自足的人总认为有点成绩了就可以停止努力了。这种自我满足欲强的人到最后反而被公司及老板所弃，这也是我们应该引以为诫的。不满于现状不断挑战自我的人，才能在激烈的职场竞争中脱颖而出，成为公司领导所器重的员工。

刘圆圆是一家期刊发行公司的打字员。刚开始刘圆圆每分钟能打120个字，这在当时公司的员工中已经很快了。但刘圆圆却不满足自己现有的打字速度，她觉得每分钟120个字还不够。

在平时的工作生活中她非常的勤奋。一个月后，已经达到每分钟140字录入速度的刘圆圆决定再挑战自己的记录。又经过一段时间的努力，刘圆圆的打字速度达到了每分钟190字。她总能快速地完成工作，而且错误率极低，整个公司的人都对她刮目相看。到了年底，在公司进行的业务考核中，刘圆圆获得了第一名。而改变命运的机会也悄然而至，打字部的组长刚好调换工作，刘圆圆当然是最合适的接替人选。

这仅仅只是一个开始，刘圆圆并没有放松自己，她不满足于只当一个打字员，于是她又给自己定下了一个新的工作目标——成为一个优秀的编辑。

刘圆圆开始利用休息时间跑到编辑部向编辑请教一些专业的问题，自己还买了有关专业的书籍，规定自己每天看一到两个小时的书。

一年以后，刘圆圆考取了成人夜校的中文系。

现在刘圆圆已经是这家期刊公司的正式编辑了，而她没有放松对工作的要求，仍然不断地向专业水平更高的前辈挑战。

职场上优秀的员工总是善于学习，不易满足现在的成绩，因此他们一次次地创造出职场的奇迹。而愚蠢的员工总是容易对自己的小成绩深感满足而不思进取，停步不前，最后也因此丧失一份好的工作。

要做就做到最好

把事情做到最好，是对别人负责，更是对自己负责。当你把事情做得最好的时候，你就会发现，你付出的所有辛苦都会得到回报，这也是职场竞争制胜的法宝。

“要做就做到最好。”这不仅是一个做人的准则，更是一个做工作的准则。对于工作，优秀的员工总要有一个原则，那就是“不做则已，要做就做到最好”。而为了达到要求，他们总是尽自己最大的努力，全力以赴追求完美，不管有什么困难，都尽力去克服。

在工作和生活中，我们常常会有这样的体会：没有高要求就没有高动力。一位业内的研究人士，曾经问过很多优秀员工，为什么能够创造奇迹般的业绩，虽然答案各种各样，但是其中有一点非常地相似，那就是他们对自己都有着极高的要求。他们会努力把工作做到最好，要求自己能够使顾客百分之百地满意，要求自己能够为公司创造真正的利益与价值。

威廉在一家大型建筑公司任设计师，常常要跑工地，看现场，还要为不同的老板修改工程细节，异常辛苦。但他仍认认真真地去做，毫无怨言。他给自己立下了一条规则——“要做就做好，否则就不做”。

有一次，老板安排他为客户做一个设计方案，时间只有3天。接到任务后，威廉看完现场就开始工作了。3天的时间里，他都在一种异常兴奋的状态下度过。他食不甘味，满脑子都想着如何把这个方案弄好。他到处查资料，虚心向别人请教。3天后，他把设计方案交给了老板，威廉的设计方案大大地超出了老板的预期目标，让老板大为吃惊。因工作认真，现在威廉已是公司里的红人了。老板不但提升了他，还把他的薪水翻了3倍。后来，老板告诉他："我知道给你的时间很紧张，但我们必须尽快把设计方案做出来，如果当初你因此推掉这个工作，我可能会把你辞掉。你表现得非常出色，我最欣赏工作认真、把事情做到最好的人。"

任何一个老板都是十分精明的，他们都希望能拥有更多优秀的员工。而工作体现一个人的品行是否优秀。对于每个员工来说，都要树立"要做就做得更好，否则就不做"的从业理念，而且对于任何工作，你拿一千块钱，做了一万块钱的事，老板不会视而不见的。

比利是一名毫不起眼的理发师。他的理发店也在纽约郊区街角的一个不起眼的地方，但却是顾客盈门，理由很简单：这里面有一位很好的理发师。他总能把顾客的头发剪出最好的效果。如果能够拥有一个好发型和一份好心情，路上多花一点时间又有什么关系呢？不仅如此，他的客人还向自己的家人和朋友推荐这家理发店。久而久之，比利的理发店名声大振，成为这个城市中首屈一指的理发店。

在这个过程中，比利招收了一批小学徒。每次教授技艺的时候，比利总说这样一句话：记住，每一剪剪下去都要负责任，要做就做最好，要么就别做。这句话也是比利当学徒的时候师傅对他说的第一句话。

比利对工作的认真态度近乎偏执。有一次，一位有钱人来店里理发。比利告诉对方，剪发大概要用40分钟的时间，对方没有异议。可是，剪到30分钟的时候，顾客突然接到一个电话，得马上走。比利坚持说：必须把头发剪完才能走，不然的话会影响到整体的效果。顾客很生气，但是比利仍然不肯放他走，并且再三强调要对自己的工作负责。顾客没有办法，只能留在店里把头发剪完。

半年后，那位顾客又来了，他笑眯眯地对比利说："上次因为在你这里剪头发而影响了生意，我曾发誓再也不来这里剪发了。但后来发现其他理发店剪出来的效果都没有你这边剪得好，所以我又来捧场了。"

在生活中，不管做什么事情，你得先给自己确立一个标准：要么不做，要么就把事情做到最好。这也应该成为每个职场中人的工作原则和态度，只有这样你才能不断地在工作岗位上创造自己的个人品牌。这也是比利的理发店常年顾客盈门的原因。

一家知名企业的人力资源部经理在谈到对员工的要求时是这样说的："我们认为对员工的最高要求是：他们能够自己在内心中为自己树立一个标准，而这个标准应该符合他们所能够做到的最佳的状态，并引领他们达到完美的状态。"

对于员工来说，以最高的标准要求自己，在工作的时候，就意味着做到让客户百分百地满意，让客户感受到超值的服务，这也是评价优秀员工的唯一标准。这样的标准在实际工作中，一方面能造就优秀的员工，另一方面将造就成功的企业。

把事情做到最好，是对别人负责，更是对自己负责。当你把事情做得最好的时候，你就会发现，你付出的所有辛苦都会得到回报，这也是职场竞争制胜的法宝。